AF460057

THEORIE DE L'ÉLEVATION DES VAPEURS ET DES EXHALAISONS,

DEMONTRE'E MATHEMATIQUEMENT.

Qui a remporté le Prix, au Jugement de l'Academie Royale des Belles Lettres, Sciences & Arts.

Par Monsieur GOTTLIEB KRATZENSTEIN, *Candidat en Medecine, à Halle dans la Haute Saxe.*

A BORDEAUX,

Chez PIERRE BRUN, Imprimeur-Aggregé de l'Academie Royale, ruë Saint Jâmes.

M. DCC. XLIII.

AVEC PRIVILEGE DU ROY.

THEORIE DE L'ÉLEVATION DES VAPEURS ET DES EXHALAISONS, DEMONTRE'E MATHEMATIQUEMENT.

§. I.

LA VAPEUR est un fluide rare formé par la dissolution d'un corps, & qui se dissipe en l'air, ou en quelqu'autre espace encore plus délié.

VAPOR est fluidum rarum, quod ex dissolutione corporis cujusdam originem trahit, & per aërem, vel aliud medium subtilius dissipatur.

DEFINITIO I.

§. II.

SCHOLION. *Definimus hic Vapores in genere; in sequentibus per Vapores speciatim particulas fluidorum aqueorum denotabimus.*

Ceci n'eſt qu'une définition générale des Vapeurs ; mais dans la ſuite nous entendrons par le nom de Vapeurs, les petites parties des fluides aqueux.

§. III.

DEFINITIO 2. *Evaporatio eſt tranſmutatio vel diſſolutio particularum corporis in vapores.*

L'évaporation ſe fait quand les particules du corps ſe changent, ou ſe réſolvent en vapeurs.

§. IV.

OBSERVATIO I. *Vaſculum cum aqua fervida ad feneſtram repoſui, ut major luminis claritas adeſſet, ubi obſervavi, particulas aqueas aſcendentes duplicis eſſe generis. Primum genus, coloris albi, in permultas quaſi areolas diviſum, per aliquot minuta ſecunda in ſuperficie aquæ hærebat, donec ſucceſſivè mox hæc, mox illa areola vaporum à reliquorum nexu & conſortio aquæ ſeparabatur, & in aëre motu uniformiter accelerato aſcendebat. 2. Cele-*

J'ai mis un vaſe, où il y avoit de l'eau bouillante, à une fenêtre, pour l'expoſer à une plus grande lumiere. Là j'ai obſervé qu'il s'élevoit de deux ſortes de particules aqueuſes. Les premieres de couleur blanche ſe partageant en différens compartimens, demeuroient pendant quelques ſecondes à la ſurface de l'eau; enſuite je voyois ſucceſſivement, tantôt un compartiment, tantôt un autre, ſe ſéparer de la ſurface de l'eau, & s'élever en l'air avec un mouvement uniforme acceleré. 2. Tandis que l'eau bouilloit, les Vapeurs parcouroient 2. pieds & demi dans le tems de trois secondes. 3. Parmi ces Vapeurs, j'en ai vû d'une autre sorte ; c'étoient de très - petits globules transparens, non creux, qui s'élevoient très - vîte tout au plus à la hauteur d'un pied ; mais leur mouvement étoit uniformement retardé, & ils décrivoient en descendant une ligne parabolique.

ritatem horum Vaporum observans, inveni eos tempore 3. minutorum secundorum ad altitudinem 2½ pedum ascendere, cùm aqua ebulliret. 3. Inter hos alterum genus particularum aquearum globuli nimirùm minutissimi pellucidi, non cavi, ad aliquot digitorum vel ad summum, ad pedis altitudinem celerrimè, sed motu uniformiter retardato assiliebant ; & posteà rursùs descendentes, lineam parabolicam describebant.

§. V.

Puisque les principes de la Mechanique aprennent que les corps qui decrivent une ligne parabolique en montant & en descendant, sont poussez par quelque force violente, il s'ensuit que cette seconde espéce de particules d'eau sont poussées hors de l'eau, & montent par une impulsion violente.

Quia corpus lineam parabolicam ascensu & descensu describens, se à vi quadam propulsum esse indicat (per principia mechanica) : patet, quòd hoc alterum genus particularum aquearum ascendentium per vim quamdam ex aqua expulsum sit. COROLLARIUM 1.

§. VI.

Puisque cette derniere espéce de particules retombe d'a-

Cùm verò hoc ultimum genus particularum aquearum COROLLARIUM 2.

mox iterùm decidat, nec per aërem dissipetur, nomen Vaporum non merentur. (§. 1.)

bord sans se dissiper, on ne peut pas dire que ce soient des Vapeurs. (§. 1.)

§. VII.

SCHOLION.

Quia particulæ aqueæ minores, ob æqualem inter se cohæsionem, figuram sphæricam in aëre servant, Vapores etiam figuræ sphæricæ esse necesse est.

Les petites particules d'eau gardant au milieu de l'air une figure sphérique à cause de l'égale cohesion de leurs parties, les Vapeurs doivent aussi avoir une figure sphérique.

§. VIII.

LEMMA I.

Si Sol in copiam guttularum aquearum irradiat, oculo spectatoris, Solem à tergo, guttulas verò à fronte habentis, & sub angulo 42. vel 54. graduum cum radio incidente constituti, Iridis arcus repræsentari debet.

Si les rayons du Soleil tombent sur un grand nombre de goutes d'eau, l'œil du spectateur étant situé, de maniere qu'il ait le Soleil par derriere, & les goutes pardevant, verra un arc-en-ciel, pourvû que le rayon qui passe par le Soleil & par l'œil fasse avec les goutes un angle de 42. ou de 54 degrez.

§. IX.

SCHOLION.

Hoc à Physicis uberiùs demonstratur, & hìc nullius probationis eget.

Les Physiciens démontrent cela plus au long, & ce n'est pas ici le lieu de le prouver.

§. X.

EXPERIMENTUM I.

Vasculum cum aqua ebulliente, radiis solaribus per

Ayant pris un vase avec de l'eau bouillante dedans, je l'ai

exposé dans une chambre obscure aux rayons du Soleil qui y entroient par une large ouverture. Je me suis placé de maniere que mon œil faisoit un angle de 42. degrez avec les rayons incidens: cependant je n'ai pû voir dans les Vapeurs les couleurs de l'arc-en-ciel. 2. Pour m'éclaircir davantage, j'ai placé un jet d'eau artificiel, de maniere qu'il en tomboit une pluïe très-fine au milieu des Vapeurs; m'étant placé comme il falloit, j'ai vû deux segmens d'arc-en-ciel au milieu des Vapeurs, c'est-à-dire, un segment du principal arc-en-ciel, & un segment de celui dont les couleurs sont moins vives & renversées: mais du moment que j'ai ôté le jet d'eau, les deux segmens ont disparu.

amplum foramen in cameram obscuram immissis, ita exposui, ut Vapores ascendentes per radium Solis transirent. Oculo tum sub angulo 42. graduum cum radiis incidentibus constituto, nullos Iridis colores in his Vaporibus observare potui.

2. *Ut eò certiùs de hac re fierem, fonticulum salientem ita disposui, ut pluvia quasi pulverulenta per illum facta, per Vapores decideret; sic statim dicto sub angulo bina segmenta Iridis, primarii scilicet & secundarii, mediis in vaporibus apparuerunt, quæ verò fonticulo remoto statim iterùm disparuerunt.*

§. XI.

SCHOLION.

Si les couleurs de l'Iris ne paroissent pas dans les Vapeurs, on ne peut pas dire que leur finesse en est la cause; les rayons de la lumiere sont encore plus subtils: nous developerons ci-

Subtilitas Vaporum non accusari potest, quare colores exhibere nequeant; radii enim lucis multò adhuc subtiliores sunt. Et prætereà alia ratio apparentiæ colorum in Vapo-

ribus mox explicabitur, ad naturam eorum accuratiùs determinandam.

après pourquoi ces couleurs ne paroissent pas, & cela servira à en faire connoître la nature.

§ XII.

COROLLARIUM.

Quia colores Iridis per refractionem & reflexionem certam radiorum Solis in guttis aqueis oriuntur; necesse est, hanc in Vaporibus aliâ ratione fieri debere, quàm in in guttulis aqueis (§. 10.) non cavis. Cujus diversitatis nulla alia causa esse potest, nisi diversa figura interna; externa enim eadem est (§. 7.) Vapores ergo sunt vesiculæ cavæ.

Les couleurs de l'Iris viennent de ce que les rayons du Soleil se reflêchissent & se rompent d'une certaine façon dans les goutes d'eau : il faut donc que les mêmes rayons se reflêchissent & se rompent d'une autre maniere dans les Vapeurs, qu'ils ne font dans les goutes d'eau (§. 10.) non creuses. Or il ne peut y avoir d'autre cause de cette difference, que leur figure intérieure, puisque l'extérieure est la même (§. 7.) Les Vapeurs sont donc des vésicules creuses.

§. XIII.

SCHOLION.

Falluntur itaque ii, qui existimant, Vapores esse guttulas non cavas.

Donc c'est une erreur de croire que les Vapeurs sont des goutes non creuses.

§. XIV.

EXPERIMENTUM 2.

Recepi sphæram vitream, diametri 5. digitorum, cujus orificium epistomio erat munitum, & ope flatûs aërem

J'ai pris un globe de verre qui avoit 5. pouces de diametre, à son orifice étoit adapté un robinet. En souflant dans le globe, j'ai comprimé l'air qui y étoit; puis ayant fermé le robinet, j'ai exposé le globe aux rayons du Soleil dans la chambre obscure; mais je n'ai pû apercevoir aucune des Vapeurs que j'avois fait entrer en souflant. Ayant ouvert le robinet pour faire sortir l'air comprimé, j'ai vû d'abord une grande quantité de Vapeurs qui tomboient; mais elles ont encore disparu lorsque j'ai comprimé de nouveau l'air qui étoit dans le globe. 2. Regardant ces Vapeurs de maniere que mon œil fit, avec le rayon du Soleil, un angle entre 5. & 10. degrez, j'ai aperçû avec grand plaisir une suite de très-belles couleurs qui se changeoient peu à peu en d'autres, à mesure que l'air comprimé sortoit de la boule. Voici la suite des couleurs, telle que que je l'ai remarquée, rouge, verd bleuâtre, rouge verd. 3. Ayant mis l'œil entre le Soleil & les Vapeurs, & les ayant regardées sous les mêmes angles que je viens de dire, j'ai aperçû les mêmes couleurs que donnoit

in sphæra compressi. Clauso epistomio, eam exposui radio solari in cameram obscuram immisso; sed nihil de Vaporibus per flatum ingestis observare potui. Simul ac verò epistomium aperui, ut aër compressus iterùm egredi posset, statim magna copia Vaporum cadentium in conspectum prodiit, qui verò mox iterùm evanuerunt, cùm aërem de novo in sphæra comprimerem.

2. *Vapores hosce sub angulo* 5. *ad* 10. *graduum à Sole inspiciens magna cum jucunditate seriem elegantissimorum colorum conspexi, qui colores sensim in alios mutabantur, quò magis aër compressus egrediebatur. Ordinem colorum qui proximè ad Solem erant, talem observavi, rubeus, viridis, subcæruleus, ruber, viridis.*

3. *Cùm oculum inter Solem & Vapores constituerem, eosque sub eodem angulo suprà dicto inspicerem, colores ex re-*

flexione, sed ordine contrario videbantur.

la réflexion, mais elles étoient dans un ordre renversé.

§. XV.

COROLLARIUM.

Hoc experimentum nos docet, quòd Vapores, qui in aëre compresso hærent & invisibiles sunt; in aëre, si in statum priorem redit, ex parte descendant, & in conspectum veniant: Et quòd hi iterùm visum fugiant, si aër de novo comprimitur. Ratio verò hujus phenomeni infrà explicabitur.

Cette Expérience nous montre que les Vapeurs soûtenues dans un air comprimé sont invisibles; que si l'air est remis dans son premier état, elles descendent en parties, & deviennent visibles; qu'elles redeviennent invisibles, si l'on comprime l'air une seconde fois. Nous expliquerons dans la suite la cause de ce phénomene.

§. XVI.

EXPERIMENTUM 3.

Sphæram hancce ab aëre humido per calorem depuratam ope antliæ evacuavi, epistomioque clauso eam radio solari iterùm exposui, deindè successivè rursùs immisi; sic magna copia Vaporum in conspectum prodibat, qui simul cum aëre in vacuum irruebant. Hi Vapores tamdiù inter aëris ingressum videri poterant, donec aër intra sphæram æquè

Ayant fait sortir par le moyen du feu tout l'air humide qui étoit dans le globe, j'en ai pompé l'air, puis ayant fermé le robinet, je l'ai exposé au rayon du Soleil, ensuite ayant fait entrer successivement de l'air dans le globe, j'y voyois quantité de Vapeurs qui y entroient avec l'air; & on les voyoit jusqu'au moment que l'air intérieur du globe étoit devenu aussi épais que l'air extérieur; & alors elles devenoient

devenoient invisibles. 2. Ayant exposé au rayon du Soleil dans la chambre obscure ce globe rempli de Vapeurs invisibles, j'en ai pompé l'air avec une pompe à la main. A mesure que je pompois l'air, je voyois les Vapeurs qui descendoient, & leur grandeur augmentoit sensiblement à mesure que je tirois l'air du globe. 3. Ces Vapeurs regardées sous un angle entre 5. & 10. degrez, m'ont offert la même suite de couleurs que dans l'Expérience précédente, & pendant que je dilatois l'air de la boule, les couleurs se changeoient très promptement en d'autres couleurs. Voici quelle étoit la suite des couleurs qui se succédoient; le rouge, le jaune, le verd, le bleu, le violet, le rouge, le jaune, le blanc. Ayant introduit de l'air, les couleurs ont disparu. 4. La premiere fois que je pompai l'air de la boule, je remarquai quelques Vapeurs qui se distinguoient clairement des autres, & qui dans chaque suite de couleurs représentoient

densus erat factus ac aër externus; quo facto omnem visum fugiebant.

2. *Sphæram hac ratione Vaporibus licèt invisibilibus repletam, radiisque solaribus in cubiculo obscurato expositam, ope antliæ minoris manuariæ iterùm evacuavi; sic inter evacuandum maxima copia Vaporum descendentium conspici poterat, quorum magnitudo inter evacuandum sensibiliter augebatur.*

3. *Vapores sub angulo 5. ad 10. graduum inspecti, similiter ac in præcedenti experimento seriem colorum exhibebant, qui inter evacuandum citissimè in alios mutabantur. Ordo colorum successivorum ad Solem proximorum talis erat: Rubeus, flavus, viridis, cæruleus, violaceus, rubeus, flavus, albus. Aëre verò immisso, Vapores iterùm disparuerunt.*

4. *Cùm hæc evacuatio*

prima rectè fieret, observabam nonnullos Vapores, qui ab aliis optimè distingui poterant, in seriebus colorum singulares colores exhibere; e. g. In serie flava vel viridi aliqui perpauci rubri videbantur.

5. *Hos Vapores per sphæram, ope microscopii, optimè contemplare poteram, eorumque diametrum cum crassitie crinis comparans reperi esse 12. vicibus minorem, cùm colorem primum refringeret: crinis verò diameter erat* $\frac{1}{300}$ *digiti. Diameter ergo Vaporis fuit* $\frac{1}{3600}$ *digiti vel* $\frac{277}{1.000.000}^{\text{VIII}}$

des couleurs différentes; par exemple, il paroissoit des couleurs rouges, mais en petit nombre dans la suite des couleurs jaunes & des couleurs vertes.

5. Je pouvois fort bien regarder ces Vapeurs renfermées dans le globe avec un Microscope, & comparant leur diamétre avec la grosseur d'un cheveu, j'ai trouvé que la Vapeur, dans le tems qu'elle commençoit à représenter la couleur par réfraction, étoit 12. fois plus petite qu'un cheveu: le diamétre du cheveu étoit $\frac{1}{300}$ de pouce. Le diamétre de la Vapeur étoit donc $\frac{1}{3600}$ de pouce, ou $\frac{277}{1.000.000}^{\text{VIII}}$

§. XVII.

COROLLARIUM I.

Hoc experimentum similiter ac præcedens indicat, Vapores in aëre naturali hærentes & invisibiles in aëre dum rarefit, descendere & visibiles fieri; evanescere autem si aër iterùm condensatur.

Cette Expérience aussi-bien que la précedente, fait voir que les Vapeurs qui se soutiennent dans l'air naturel, & qui y sont invisibles, y descendent & deviennent visibles quand il se dilate, & qu'elles disparoissent, si l'air devient plus condensé.

§. XVIII.

COROLLARIUM 2.

Il paroît par l'ordre que gardent les couleurs dans leur changement succeſſif (§. 16. n. 3.) que les Vapeurs réflechiſſent les rayons de la même maniére que les bulles faites avec de l'eau de ſavon ; celles-ci changent de couleur, ſelon qu'elles s'étendent davantage, & que leur pellicule devient plus mince. La ſuite de ces couleurs eſt raportée dans l'Optique de Newton, l. 2. p. 2. n. 8. & on expliquera cela dans la ſuite de cette Diſſertation. Voici donc encore une nouvelle preuve qui démontre très certainement, que les Vapeurs ſont des véſicules creuſes.

Ex ordine quo ſibi colores invicem ſuccedunt (§. 16. n. 3.) apparet, Vapores eodem modo reflectere colores ac bullas ex aqua ſaponacea conflatas, quæ ſemper alium colorem exhibent, quò magis in expanſione cuticula earum tenuior ſit. Quorum colorum ordo recenſetur in Newtoni Optica, lib. 2. part. 2. n. 8. & infrà etiam explicabitur. Novum itaque & certiſſimum hoc argumentum eſt, quòd Vapores ſint veſiculæ cavæ.

§. XIX.

SCHOLION 1.

On m'a fait cette objection. Il ſe peut faire que les Vapeurs réflechiſſent quelque couleur par leur volume tout entier ; ce volume venant à diminuer par la dilatation de l'air, il ſe formera une autre couleur. Mais on peut aiſément réſoudre cette difficulté : car il y a

Objiciebatur mihi, Vapores fortaſſè ſub integro volumine colorem aliquem reflectere poſſe, quo volumine per rarefactionem aëris imminuto alius color emergeret. Sed hæc objectio facilè ſolvitur : Vapores enim aliqui in ſeriebus colorum ſingula-

rem aliquem colorem exhibent, & sic diversæ sunt magnitudinis. (§. 16. n. 4.) Ergo non sub toto volumine colorem aliquem reflectunt.

des Vapeurs qui dans la suite successive des couleurs, offrent à l'œil une couleur singuliere & differente. Les Vapeurs sont donc de differentes grandeurs (§. 16. n 4) Elles ne réflechissent donc pas la couleur par leur volume tout entier.

§. XX.

SCHOLION 2.

Mutatio colorum, nec per confluxum plurium Vaporum efficitur; fit enim celerrimè. 2. Colores etiam ordine retrogrado iterùm emergunt, si aër in evacuatam sphæram rursùs immittitur: Fit ergo ob majorem vel minorem expansionem. Vapores itaque in aëre compresso comprimuntur, & in rarefacto expanduntur.

On ne peut pas dire non plus que le changement successif des couleurs se fait à cause de la réünion de plusieurs Vapeurs; car ce changement se fait très-promptement. 2. De plus les couleurs reparoissoient dans un ordre rétrograde, si l'on fait rentrer l'air dans le globe qu'on avoit vuidé. Ce changement ne se fait donc que par une plus plus grande ou une moindre expansion. Les Vapeurs sont donc comprimées dans un air comprimé, & elles sont dilatées dans un air raréfié.

§. XXI.

EXPERIMENTUM 4.

Æolipylam aquâ repletam & prunis impositam, radio solari in camera obscura ita opposui, ut Vapores evolantes per totum radium

Ayant rempli d'eau une Eolipyle, & l'ayant mis sur des charbons allumez, je l'ai exposé dans une chambre obscure aux rayons du Soleil, de maniere que les Vapeurs qui ſortoient de l'Eolipyle paſſoient au travers du rayon lumineux. Les Vapeurs regardées ſous un angle entre 5. & 10 degrez, repréſentoient une longue ſuite de couleurs, lorſque l'Eolipyle ne jettoit pas les Vapeurs trop fort; mais lorſque j'avivois le feu pour faire bouillir l'eau plus fortement, toutes les couleurs devinrent du bleu de la premiere ſuite, en ſorte que tout le raïon lumineux paroiſſoit bleu.

lucidum tranſirent. Hi Vapores ſub angulo 5. ad 10. graduum inſpecti, longam ſeriem colorum exhibebant, ſi Æolipyla non nimis validè ſpirabat: Cùm verò ignem magis excitarem, ut aqua vehementiùs ebulliret, omnes colores in cæruleum primæ ſeriei tranſierunt, ita ut totus radius lucidus cæruleus appareret.

§. XXII.

COROLLARIUM.

Pour donner par réflexion le bleu de la premiere ſuite, il faut que la pellicule des Vapeurs ſoit fort mince. Or elle devient telle par une grande expanſion (§.20) Donc les Vapeurs aquiérent une plus grande expanſion en recevant un plus grand degré de chaleur.

Ad colorem cæruleum primæ ſeriei reflectendum tenuior cuticula requiritur; hæc verò per majorem expanſionem efficitur (§. 20.) Ergo Vapores per majorem caloris gradum magis expanduntur.

§. XXIII.

EXPERIMENTUM 5.

J'ai fait entrer un peu d'eau dans le globe de verre, j'ai pompé l'air du globe, puis j'ai mis le globe ſur une chandelle allu-

In ſphæram vitream ſuprà deſcriptam tantillùm aquæ infudi, aëremque ex illa eduxi. Hoc facto, ſupra flammam candelæ tam diù detinui, donec aqua aliquantùm ebullirct. Nullos verò Vapores ascendentes observare potui, licèt eam radio solari exponerem in cameram obscuratam immisso, sed Vapores in superficie aquæ hærebant, vehiculo aëreo nimirùm destituti. Equidem destillatio quædam ad latera vitri observabatur; sed hæc à guttulis aqueis majoribus celerrimè in vacuo assilientibus efficiebatur: Aëre verò rursùs immisso, tota sphæra in momento quasi à Vaporibus copiosè ascendentibus plena erat.

mée, & je l'y ai tenu jusqu'à ce que l'eau bouillît un peu. Je n'ai pû apercevoir de Vapeurs qui montassent dans le globe, quoique je l'exposasse au rayon du soleil dans la chambre obscure; mais les Vapeurs demeuroient adhérentes à la surface de l'eau, il leur manquoit l'air pour véhicule: Il est vrai que j'aperçus aux parois du verre, de l'eau qui dégoutoit, mais elle venoit des petites goutes d'eau sensibles qui sautilloient très-vivement dans le vuide du globe. Ayant fait entrer de l'air dans le globe, tout à coup il a paru rempli des Vapeurs qui y montoient en abondance.

§. XXIV.

SCHOLION.

Magnâ cautione in hoc experimento opus est. 1. Ne vacuum in sphæra jam Vaporibus cadentibus adhuc repletum sit. 2. Ne sphæra tota nimis calefiat, vel prunis applicetur. Aliàs enim Vapores cum particulis igneis copiosè intrantibus & cele-

Il faut faire l'Experience précédente avec une grande précaution, pour empêcher 1. Que l'intérieur du globe qu'on croit vuide, ne soit peut-être rempli de Vapeurs. 2. Il faut aussi prendre garde de ne pas échauffer trop violemmment le globe, & de ne pas le mettre sur des charbons ardens; car dans ce cas, les Vapeurs s'éleveroient avec les particules de feu, qui entrent en abondance dans le globe, & qui montent promptement; il est vrai que les Vapeurs descendroient, dès qu'on auroit ôté le globe de dessus le feu.

riter ascendentibus simul tanquam cum fluvio sursùm moventur, qui tamen sphærâ ab igne remotâ mox iterùm descendunt.

§. XXV.

COROLLARIUM.

Donc l'air (hors le cas d'une très-grande chaleur) est nécessaire à l'élévation des Vapeurs, & leur sert de véhicule.

Aër itaque, nisi maximus calor adest, ad ascensum Vaporum necessariò tanquam vehiculum requiritur.

§. XXVI.

LEMMA 2.

La force du corps qui monte dans un fluide spécifiquement plus pesant, est égale à la différence qui se trouve entre la gravité spécifique du corps & celle du fluide.

Vis corporis ascendentis in fluido specificè graviori, æqualis est differentiæ gravitatis specificæ corporis & fluidi.

§. XXVII.

SCHOLIUM.

Donc un corps montera dans un fluide avec d'autant plus de force, que cette différence sera grande.

Corpus itaque tantò majori vi in fluido ascendit, quò major est hæc differentia.

§. XXVIII.

LEMMA 3.

Un corps spécifiquement plus léger monte dans un fluide spé-

Corpus specificè levius in fluido specificè graviori mo-

tu uniformiter accelerato ascendit, & quidem in ratione numerorum 1. 3. 5. 7. 9. 11. 13. *&c.*

cifiquement plus pesant, ayant un mouvement uniformement accéleré, & cela en raison des nombres impairs 1. 3. 5. 7. 9. 11. 13. &c.

§. XXIX.

COROLLARIUM. *Corpus itaque in fluido graviori ascendens ob celeritatem acquisitam aliquantùm supra fluidum prosilict.*

Donc un corps qui monte dans un fluide plus pesant que lui, montera au-dessus du fluide à cause de la vitesse qu'il a aquise, quand il se trouve à la surface.

§. XXX.

LEMMA 4. *Corpus specificè gravius, in fluido leviori sursùm propulsum motu uniformiter retardato ascendit, & quidem in ratione numerorum priorum (§. 28.) inversa.*

Un corps poussé dans un fluide spécifiquement plus léger que lui, monte avec un mouvement uniformement retardé, en raison inverse des nombres impairs. (§. 28.)

§. XXXI.

LEMMA 5. *Bullæ aqueæ generantur, si fluidum quoddam elasticum ex aqua ascendit, & in ejus superficie ob aquæ tenacitatem, cuticulam aqueam secum attollit.*

Il se formera des bulles d'eau, si quelque fluide élastique monte au dedans de l'eau, & s'il emporte avec soi une pellicule d'eau qui se formera à cause de la ténacité que les particules d'eau ont ensemble.

§. XXXII.

EXPERIMENTUM 6. *Recepi vitrum cylindricum, illudque aquâ per coc-*

Ayant purgé d'air de l'eau, le plus exactement qu'il m'a été possible

possible, & en la faisant bouillir au feu, & en la mettant dans la machine Pneumatique, j'ai rempli entiérement de cette eau un vase de verre cylindrique; ensuite ayant bouché l'orifice supérieur, & renversé le vase sans qu'il en sortît aucune particule d'eau, je l'ai mis dans un autre vase qui étoit sur le feu, & dans lequel il y avoit aussi de l'eau purgée d'air : Tandis que l'eau bouilloit, j'ai remarqué qu'il montoit au travers de l'eau des bulles, les unes plus grandes & les autres plus petites; mais du moment qu'elles étoient arrivées au haut du vase, elles disparoissoient sans laisser aucun espace vuide sur l'eau.

tionem & antliam Pneumaticam ab aëre diligentissimè depuratam, ad summitatem usquè replevi; & posteà contectum & cautè inversum, ne quid aquæ exiret, in aliud vasculum igni impositum, & aquâ similiter depuratâ aliquantùm repletum reposui : sic inter ebulliendum permultas bullas majores & minores per aquam ascendentes observavi; quæ verò simul ac ad summitatem perveniebant, rursùs evanescebant, & nihil spatii supra aquam relinquebant.

§. XXXIII.

Corollarium 1.

Le fluide élastique qui forme ces bulles, ne peut descendre au travers de l'eau. (§. 28.) il faut donc qu'il passe au travers des pores du verre; & c'est ainsi qu'il sort du vase.

Quia fluidum illud elasticum has bullas expandens, (§. 27.) *non per aquam iterùm descendere potest* (§. 28.) *necesse est, quòd per poros vitri penetrare & ita excedere queat.*

§. XXXIV.

Corollarium 2.

La raréfaction de l'air ne diminue pas ses particules; au con-

Quia particulæ aëris, dum aër rarefit, non minores, sed

potiùs majores fiunt, ut celeber Muſchenbroeckius ſingulari quodam experimento demonſtravit : Aër rarefactus multò minùs quàm condenſatus poros vitri penetrare valebit. Nemo itaque objiciet, fluidum dictum elaſticum fuiſſe aërem ſubtilem, tenuem vel rarefactum. Datur ergo aliud fluidum elaſticum aëre ſubtilius.

traire elle les augmente, comme l'a démontré Mr. Muſchembroeck dans une Expérience ſinguliére qu'il a fait là deſſus. L'air dilaté pourra donc moins paſſer par les pores du verre, que s'il étoit condenſé : ainſi on ne peut dire que le fluide élaſtique qui a formé les bulles, ſoit de l'air ſubtiliſé, attenué ou raréfié. Il y a donc un fluide élaſtique différent de l'air, & plus ſubtil que l'air.

§. XXXV.

COROLLARIUM 3.

Quia particulæ ignis pro vehiculo fluidum ſpecificè gravius expoſcunt, hæ bullæ non ex congerie ſola particularum ignearum conſtare poſſunt, ſed potiùs à fluido particulas igneas ſecum vehente, & ignè ſpecificè graviori efformatæ ſunt.

Puiſque les particules de feu ont beſoin d'un vehicule qui ſoit ſpécifiquement plus peſant, ces bulles ne peuvent être compoſées de ſeules particules de feu réünies enſemble, mais plûtôt elles ſont formées d'un fluide qui emporte avec ſoi les particules de feu, & qui eſt ſpécifiquement plus peſant que le feu.

§. XXXVI.

THEOREMA I.

Particulæ aqueæ per calorem adtenuatæ & rarefactæ, gravitate ſuà non privantur,

Les particules d'eau atténuées & rarefiées par le feu, ne perdent rien de leur peſanteur, elles n'acquiérent pas une légéreté absolue, & ce n'est pas en l'acquérant qu'elles montent.

nec absolutè leves fiunt, & hâc ratione ascendunt.

Démonstration. 1. Les Vapeurs qui sont soûtenues dans un air comprimé, descendent dès que l'air est remis à son état naturel (§. 15.) 2. Les Vapeurs qui se soûtiennent dans un air qui est dans son état ordinaire, y descendent si cet air est raréfié. (§. 17.) Donc les Vapeurs n'ont pas une légéreté absolue. Elles ne peuvent donc perdre leur pesanteur absolue. c. q. f. d.

Demonstratio. 1. *Vapores in aëre compresso hærentes descendunt in aëre naturali,* (§. 15.) 2. *Vapores in aëre naturali hærentes descendunt in aëre rarefacto.* (§. 17.) *Ergo absolutè leves esse, aut gravitate carere nequeunt.* *Q. E. D.*

§. XXXVII.

On a donc eu raison depuis long tems de rejetter cette maniére, dont Aristote expliquoit l'élévation des Vapeurs.

Jam diù itaquè explosa est hæc Theoria ascensûs Vaporum ab Aristotele tradita. SCHOLIUM.

§. XXXVIII.

La division des fluides en des parcelles très fines, avec l'impulsion des particules de feu & la pression de l'air, ne peut être une cause suffisante de l'élévation des Vapeurs dans la région supérieure de l'air.

Resolutio fluidorum in partes minutas, & impulsus particularum ignearum, atque pressio aëris, ratio sufficiens elevationis Vaporum in superiorem aëris regionem esse nequit. THOREMA 2.

Démonstration. Un corps qui monte en vertu d'une impulsion

Demonstratio. *Corpus ex impulsu accepto ascendens,*

motu uniformiter retardato ascendit, & tandem iterùm decidit (§. 30.) Vapores verò ascendant motu uniformiter accelerato, nec iterùm decidunt (§. 4.) Ergo Vapores non ex impulsu particularum ignearum ascendunt.

2. *Vapores aliquandiù in superficie aquæ hærent, antè quàm separentur & ascendant (§. 4.) Ergo non ex impulsu ignis elevantur.*

3. *Particulæ illæ aqueæ, quæ ex impulsu & per transitum celerrimum particularum in aërem assiliunt (in Observatione prima n. 3.) guttulæ sunt non cavæ; Vapores verò constant ex vesiculis cavis (§. 12. 18.) Ergo Vapores non per impulsum particularum ignearum & per earum transitum celerrimum in aërem ascendunt. Q. E. D.*

reçûe, a dans son élévation un mouvement uniformement retardé; & enfin il descend dès que ce mouvement a cessé. (§. 30.) Or les Vapeurs ont en montant, un mouvement uniformement accéléré, & elles ne retombent pas du moment que leur élévation a cessé. (§. 4.) Donc les Vapeurs ne montent pas en vertu de l'impulsion des particules de feu. 2. Les Vapeurs sont adhérentes pendant quelque tems à la surface de l'eau, avant qu'elles s'en séparent tout à fait, & qu'elles montent. (§. 4.) Donc elles ne sont pas élévées par l'impulsion du feu. 3. Les parcelles d'eau que l'impulsion du feu détache de l'eau bouillante, & qui s'élévent très promptement en l'air, (Observ. 1. n. 3.) sont des goutes non creuses; mais les Vapeurs sont des vésicules creuses: (§. 12. 18) Donc les Vapeurs ne montent pas par l'impulsion des particules de feu. c. q. f. d.

§. XXXIX.

SCHOLION. *Manca itaque & inadæquata est hæc Theoria,*

On doit donc regarder comme imparfaite & insuffisante,

cette façon d'expliquer l'élévation des Vapeurs, telle que l'ont donnée Descartes, Mr. Duhamel, Gassendi & quelques autres. La comparaison qu'ils aportent de l'élévation de la poussiére qu'on excite en marchant, & que l'air agité soûtient quelque tems, est fort imparfaite; car les Vapeurs se soûtiennent dans un air tranquile.

quam Cartesius, Hamel, Gassendus & alii de elevatione Vaporum dederunt; & simile illorum allatum ex elevatione pulveris terrei intereundum, qui aliquandiù ab aëre commoto sustentatur, valdè claudicat: Vapores enim in aëre tranquillo etiam hærent.

§. XL.

THEOREMA 3.

Les Vapeurs que la chaleur de l'eau bouillante ou celle du Soleil formeroient, en raréfiant l'air contenu dans l'eau, ne sçauroient faire des vésicules assez grandes, pour être spécifiquement plus légéres que l'air, & pour y monter selon les loix de l'Hydrostatique.

Vapores ex rarefactione aëris in aqua contenti, per calorem Solis aut aquæ ebullientis facta, in tantas vesiculas expandi nequeunt, ut aëre evadant specificè leviores & secundùm leges hydrostaticas ascendant.

Démonstration. Les pesanteurs spécifiques de l'eau & de l'air sont comme 900. à 1. Il faudroit donc qu'une vésicule d'eau fût mille fois plus grande que la goute d'eau dont elle est composée (par les principes d'Hydrostatique) ainsi l'air contenu

Demonstratio. *Gravitas specifica aquæ est ad gravitatem specificam aëris, ut 900. ad 1. Vesicula aquea itaquè millies ferè major esse deberet, quàm guttula ex qua conflata est (per princ. hydr.) Ideòque etiam aër in aqua contentus à calore in spatium millies majus expandi deberet; cùm verò aër in aqua bulliente, (observante Hall jo) modo ad ⅓ & à calore Solis vix ad ⅐ expandatur: Vapores ab aëre rarefacto in tantas vesiculas expandi nequeunt, ut aëre evadant specificè leviores, & in ea secundùm leges hydrostaticas ascendant. Q. E. D.*

2. *Concedamus verò, aërem à calore & vesiculam simul millies esse expansam; attamen, simul ac Vapores in aërem frigidiorem perveniunt, calorem suum amittunt. Aër itaque anteà expansus iterùm condensabitur, & vesicula in minus spatium ab aëre externo comprimetur. Fiet ergo specificè gravior aëre, & descendet.*

dans l'eau devroit, étant dilaté par la chaleur, occuper une espace mille fois plus grand. Or, selon les Observations de Mr. Halley, l'air contenu dans l'eau bouillante, ne se dilate que d'un tiers plus, & la chaleur du Soleil ne le dilate que d'un septiéme. Donc les Vapeurs ne peuvent être assez dilatées, pour composer des vésicules qui deviennent spécifiquement plus légéres que l'air, & qui puissent y monter selon les loix de l'Hydrostatique. c. q. f. d. 2. Suposé même que l'air fût dilaté par la chaleur mille fois plus qu'il ne l'est dans l'eau, les Vapeurs étant arrivées dans des couches d'air froid, perdroient leur chaleur & leur dilatation, & deviendroient spécifiquement plus pesantes que l'air, & descendroient.

§. XLI.

SCHOLION. *Non itaque probari potest hæc Theoria elevationis Vaporum, licèt ea ab illustri Wolffio tradita sit (in Phy-*

On ne peut donc admettre cette Théorie de l'élévation des Vapeurs proposée par M Wolfius dans sa Physique expérimentale, tom. 2. ch. 6. n. 85. Nous montrerons encore après & d'une maniere évidente, le défaut de cette explication.

sica experim. tom. 2. cap. 6. (§. 85.) *cujus Theoriæ defectum infrà adhuc evidentiùs ostendam.*

§. XLII.

THEOREMA 5.

Les petites parties des fluides, divisées en des parcelles encore plus petites par l'action de la matiere qui fait la chaleur, ne sçauroient être envelopées d'un assez grand nombre de particules de feu, pour faire par leur union avec elles, un tout plus léger spécifiquement que l'air, & y monter selon les loix de l'Hydrostatique.

Extremæ partes fluidorum per vibrationem materiæ calorificæ in particulas minutissimas resolutæ, non possunt tot particulis igneis cingi, donec cum his connexæ aëre specificè leviores evadant, & in ea secundùm leges hydrostaticas ascendant.

Démonstration. 1. La pesanteur spécifique de l'eau étant à celle de l'air, comme 900. à 1. il faudroit que le diamétre de l'envelope de feu fut 9. fois plus grand que le diamétre de la Vapeur, (selon les principes de l'Hydrostatique) alors toute la masse seroit mille fois plus grande que la seule Vapeur, & le tout seroit plus leger que l'air; mais le feu a cette propriété, qu'il passe très promptement d'un

Demonstratio. *Quia gravitas aquæ specifica ad gravitatem aëris est, ut 900. ad 1. particula aquea tot igneis cingi debet, donec crustæ hujus igneæ crassities noviès major sit diametro particulæ aqueæ: (per princip. hydrost.) sic enim tota moles millies foret major, & ipse vapor specificè levior. Ignis verò ejus est naturæ, ut ex corpore calidiore in frigidius celeri motu transseat. Simul ac itaquè tot particulæ igneæ in ipsam particulam aqueam transierunt, donec maximum caloris gradum, quem aqua recipere potest, obtinuit, nullæ particulæ igneæ ampliùs versùs particulam aqueam movebuntur, & circa illam colligentur, sed mox in aërem circumjectum frigidiorem transibunt. Ergo ignis non in tantùm circa particulam aqueam colligi potest, ut aëre evadant specificè leviores, & in ea secundùm leges hydrostat. ascendant. Q. E. D.*

2. *Concedamus verò, eas tot particulis igneis cingi & ascendere ad aliquam altitudinem, attamen post breve spatium absolutum in aërem frigidiorem pervenient, ubi particulæ igneæ citò aqueam deserent, & in aërem frigidiorem transibunt. Vapor itaquè aëre iterùm fit specificè gravior, & descendet.*

3. *Per calorem Solis aqua non in tantùm calefit,*

corps chaud dans celui qui est plus froid : Ainsi, dès que les les particules de feu auront passé dans la parcelle d'eau à laquelle elles servoient d'envelope, elles l'échaufferont autant qu'il est possible : alors les particules de feu n'iront plus vers la parcelle d'eau, elles ne demeureront plus rassemblées autour d'elle, mais elles passeront sur le champ dans l'air environnant, comme étant plus froid. Donc il ne sçauroit s'amasser autour d'une particule d'eau, assez de particules de feu, pour faire un tout spécifiquement moins pesant que l'air, & qui puisse y monter selon les loix de l'Hydrostatique. c. q. f. d. 2. Quand on passeroit la suposition, qu'une parcelle d'eau peut avoir une assez grosse envelope de feu, & monter quelque tems ; cependant dès que les particules de feu auront atteint une couche d'air plus froide, le feu abandonnera l'eau pour passer dans l'air plus froid. La Vapeur deviendra donc bientôt plus pesante que l'air, & déscendra

cendra. 3. Enfin, la chaleur du Soleil n'eſt pas aſſés grande pour fournir à l'eau une envelope de feu d'un diamétre 9. fois plus grand.

ut tot particulis igneis cingi poſſet.

§. XLIII.

SCHOLIUM.

Ainſi cette explication donnée par M. Hauſenius, n'eſt pas recevable.

Hæc itaquè Theoria à celeberrimo Hauſenio tradita, meritò rejicitur.

§. XLIV.

THEOREMA 5.

Les Vapeurs qui s'élévent en l'air, n'y montent pas étant entraînées par des particules de feu qui montent en haut, comme des corps ſont entraînez par une riviere.

Vapores altiùs in aëre aſcendentes, non cum particulis igneis tanquam cum fluvio ſursùm rapiuntur.

Démonſtration. La direction des particules de feu ſe fait du lieu le plus chaud dans le lieu voiſin le plus froid (§. 42. n. 1.) ainſi lorſque l'air qui touche les parois d'un Alembic, devient plus froid que l'air qui eſt à la ſurface de l'eau chaude, le feu paſſera plûtôt dans l'air collatéral que dans l'air ſupérieur. 2. De ſorte que les particules d'eau qu'on ſupoſeroit être dans ce courant de feu, devroient ſuivre cette direction, & ſe répandre de toutes parts dans l'air qui

Demonſtratio. *Directio particularum ignearum fit ex loco calidiori in locum proximum magis frigidum (§. 42. n. 1.) Ideòque cùm aër circa latera vaſis evaporantis hærens, magis fit frigidus, quàm aër ſupra aquam calidam exiſtens, ignis in lateralem aërem magis quàm in ſuperiorem tranſibit.*

2. *Particulæ aqueæ itaquè in hoc fluvio exiſtentes hanc directionem ſequi & undequâque in aërem lateralem*

dispergi deberent.

3. *Cùm verò hoc sit contra experientiam, siquidem Vapores in aëre quieto perpendiculariter sursùm ascendunt: Vapores ex hac causa non elevantur. Q. E. D.*

4. *Concedamus verò Vapores hac ratione ad aliquam altitudinem ascendere, attamen hic fluvius mox in motu impedietur, dum ignis in aërem frigidiorem transit, eique adhærescit. Vapores ergo iterùm descendent. Cujus rei exemplum allatum est in* §. 24.

est aux côtez. 3. Or cela est combattu par l'Expérience, puisque dans un air tranquile les Vapeurs s'élévent perpendiculairement en haut. Elles ne montent donc pas entraînées par les particules de feu, &c. c. q. f. d.

4. Si cependant cette cause élévoit les Vapeurs jusqu'à une certaine hauteur, ce courant de feu seroit bientôt arrêté dans sa course, parce que le feu passeroit d'abord dans l'air froid, & s'y attacheroit. Les Vapeurs descendroient donc aussi-tôt. Nous en avons raporté un exemple. §. 24.

§. XLV.

SCHOLION I. *Non sufficit itaquè hæc Theoria, ad elevationem Vaporum in superiorem aëris regionem explicandam.*

Donc cette maniére d'expliquer l'élévation des Vapeurs dans l'air supérieur est insuffisante.

§. XLVI.

SCHOLION 2. *Adduxi in præcedentibus Theorematibus præcipuas Theorias, quæ hùc usquè à Physicis de elevatione Vaporum in aërem traditæ sunt, earumque defectum perspicuè ostendi. Aliam itaquè Theo-*

J'ai raporté dans les Theorêmes précédens, les principales explications que les Physiciens ont proposées jusqu'à présent, pour rendre compte de la cause de l'élévation des Vapeurs; & j'ai montré clairement leur insuffisance. J'ai essayé de tirer des observations & des experiences raportées ci-devant, une autre explication : Pour l'établir avec certitude, il faut faire attention aux propositions suivantes qui lui serviront de préliminaires.

riam ex adductis observationibus, experimentis eruere conatus sum. Ad quam certissimè stabiliendam sequentia subsidia erunt præmittenda.

§. XLVII.

PROBLEMA I.

Déterminer par la couleur des Vapeurs, l'épaisseur de la vésicule dont elles sont composées.

Crassitiem lamellarum vel cuticulæ, ex quibus Vapores constant, ex coloribus ipsorum determinare.

RESOLUTIO.

On peut résoudre ce Problême par le calcul que Mr. Newton en a fait dans son Optique l. 2. p. 2. n. 8. Il l'a fait sur plusieurs observations des différentes couleurs que répresentent les lames aqueuses qui sont très minces ; il les a mesurées avec une grande exactitude, & en a donné les mesures. Nous donnerons son calcul à la fin de ce Problême. Ainsi il faut chercher à quelle suite apartient la couleur, que donne telle ou telle vésicule de Vapeur (Newt. Prop. VII. p. 3. l. II.) & cette couleur vous donnera dans la Table, l'épais-

Fieri potest ex calculo, quem Vir summus Newtonius in Optic. lib. 2. p. 2. n. 8. ex permultis observationibus colorum, quos tenues lamellæ aqueæ exhibent per adcuratissimam earum dimensionem fecit; quem circa finem hujus Problematis subnectemus.

Inquiratur itaquè cujus seriei colorem talis lamella Vaporis exhibeat (Newt. l. c. Prop. VIII. *p. 3. l. 2.) qui in Tabella quæsitus, ejus crassitiem accuratissimè determinabit in talibus partibus, quarum* 1000, 000, *digitum Londinensis pedis efficiunt. Q. E. F.*

ſeur qui convient à la pellicule de la Vapeur. On a diviſé le pouce de Londres en un million de parties, & c'eſt proportionnellement à ces parties que la Table a été conſtruite c. q. f. f.

	SUITE DES COULEURS par la Réfraction.	par la Réflexion.	EPAISSEUR des Lames aqueuſes en millioniémes de pouce.	
Premiere Suite.	Blanc.	Très noir		3:8
		Noir		3:4
		Noirâtre	1	1:2
	Rouge tirant ſur le jaune	Bleu	1	4:5
	Noir	Blanc	3	7:8
	Violet	Jaune	5	1:3
	Bleu	Doré	6	0
		Rouge	6	3:4
Seconde Suite.	Blanc	Violet	8	3:8
	Jaune	Indigo	9	5:8
	Rouge	Bleu	10	1:2
		Verd	11	1:3
	Violet	Jaune	12	1:5
		Doré	13	
	Bleu	Rouge clair	13	3:4
		Ecarlate	14	3:4
Troiſiéme Suite.	Verd	Pourpre	15	3:4
	Jaune	Indigo	16	4:7
		Bleu	17	11:20
	Rouge	Verd	18	9:10
		Jaune	20	1:3
	Verd céladon	Rouge	21	3:4
		Rouge bleuâtre	24	
Quatriéme Suite.	Rouge	Verd céladon	25	1:2
		Verd	26	1:2
		Ver naiſſant	27	
	Verd céladon	Rouge	30	1:4
Cinquiéme Suite.	Rouge	Bleu tirant ſur le verd	34	1:2
		Rouge	39	3:8
Sixiéme Suite.		Bleu tirant ſur le verd	44	
		Rouge	48	3:4
Septiéme Suite.		Bleu tirant ſur le verd	53	1:4
		Incarnat	57	3:4

§. XLVIII.

SCHOLION.

On peut voir aiſément à quelle ſuite apartient la couleur que les Vapeurs répréſentent, par l'ordre ſucceſſif des couleurs raporté dans la troiſiéme Expérience, n. 3. (§. 16.) Ces couleurs données par la réfraction apartiennent aux ſuites ſeconde & troiſiéme. La premiere couleur que les Vapeurs donnent après la moindre réfraction de l'air, eſt le rouge de la troiſiéme ſuite : L'épaiſſeur de ſa pellicule eſt déterminée dans la Table de Mr. Newton de $18\frac{9}{10}$ millioniémes de pouce. Donc l'épaiſſeur de cette pellicule, telle qu'elle eſt dans l'état ordinaire de l'air, ſera à peu près de vingt millioniémes du pouce de Londres.

Cujus ſeriei colorem Vapores exhibeant ex ordine ſucceſſivo colorum in Experimento 3. n. 3. (§. 16.) ſine ulla difficultate videri poteſt, quod colores ex refractione ſint tertiæ & ſecundæ ſeriei. Primus color quem Vapores poſt minimam aëris rarefactionem exhibent, eſt rubeus tertiæ ſeriei, qui craſſitiem cuticulæ $18\frac{6}{10}^{\text{VIII}}$ *digiti determinat. Craſſities itaquè cuticulæ in aëre naturali quàm proximè erit* $\frac{20\ \text{VIII}}{1000{,}000}$ *digiti Londinenſis.*

§. XLIX.

PROBLEMA 2.

L'épaiſſeur d'une pellicule aqueuſe de Vapeur vuide d'air, étant donnée, trouver quel doit être le diamétre de la Vapeur, pour qu'elle ſoit ſpécifiquement plus légére que l'air, & qu'elle puiſſe y monter ſelon les loix de l'Hydroſtatique.

Ex data craſſitie cuticulæ aqueæ Vaporis ab aëre vacui invenire diametrum Vaporis, ſi aëre eſſet ſpecificè levior, & in eo ſecundùm leges Hydroſtaticas aſcendere poſſet.

RESOLUTIO. *Quia gravitas specifica aquæ est ad gravitatem specificam aëris ut 900 ad 1. cubus diametri, sive expansio Vaporis millies ferè major esse debet, quàm cubus guttulæ ex qua conflatus est Vapor. (per principia hydrostatica.*

2. *Cùm soliditas crustæ, (ut geometricè ita loquar) æqualis sit soliditati guttæ ex qua conflata est, diametrum guttæ tanquam unitatem assumendo, cubus unitatis subtrahatur ex cubo totius Vaporis expansionis; & habebitur cubus cavitatis.*

3. *Ex his duobus cubis, cavitatis & totius Vaporis expansi extrahantur radices cubicæ, quæ diametros cavitatis & convexitatis determinabunt. (per principia geometrica.)*

4. *Horum differentia semissis, si diameter totius bullæ per eam dividatur, dabit proportionem crassitiei*

Les pesanteurs spécifiques de l'eau & de l'air, sont entr'elles comme 900 à 1. le cube du diamétre, ou toute l'étendue de la Vapeur doit donc être environ mille fois plus grande que le cube de la petite goute qui forme la Vapeur. (cela est certain par l'Hydrostatique) 2. La solidité de la pellicule étant égale à la solidité de la goute (je parle ici Géométriquement) si on prend le diamétre de la goute égal à *un*, il faut soustraire le cube de *un* du cube de toute la Vapeur dilatée, & vous aurez le cube de la cavité de la Vapeur. 3. Si vous tirez les racines cubiques, soit de la concavité, soit de la Vapeur prise dans son expansion, elles vous donneront, par les principes de la Géométrie, le diamétre de la concavité, & celui de la convexité. 4. En divisant le diamétre de toute la bulle par la moitié de la différence qui est entre les diamétres de la concavité & de la convexité, on aura le raport de l'épaisseur de la pellicule avec le diamétre de la bulle. 5. Enfin, si vous multipliez par le raport trouvé l'épaisseur de la pellicule de la Vapeur, vous aurez au produit le diamétre de la Vapeur, qui étant vuide d'air seroit plus légere que l'air, & monteroit dans l'air, selon les loix de l'Hydrostatique. c. q. f. t.

crustæ ad diametrum bullæ in quavis magnitudine.

5. *Data crassities cuticulæ Vaporis* (§. 47.) *multiplicetur per proportionem inventam, & prodibit diameter Vaporis, qui, si ab aëre vacuus est, aëre foret specificè levior, & in illo, secundùm leges hydrostat. ascenderet. Q. E. F. Sit itaque*

Exemp. Soit le diamétre de la goute $= a$ (n. 2.) le cube du diamétre $= a^3$. le cube du diamétre de la bulle sera $= 1000.a^3$. (n. 1.)

Le diamétre de la cavité sera $= 1000a^3 - a^3$. ou bien il sera $999.a^3$. (n. 2.)

Soit l'épaisseur de la pellicule $= c$. le diamétre de la Vapeur $= x$. leur raport $p : 1$.

On aura $2p \sqrt[3]{(1000.a^3)} - \sqrt[3]{(999.a^3)}$

Donc $p = \dfrac{10.a - 9\frac{996}{1000}a = \frac{4}{1000}}{2} = \frac{2}{1000} = \frac{1}{500}$

Donc $1 : 500 :: c : x$.

Diameter guttæ $= a$ (*n.* 2.) *cubus diametri* $= a^3$. & *erit cubus diametri bullæ* $= 1000a^3$ (*n.* 1.)

Et cubus diametri cavitatis $= 1000a^3 - a^3 = 999a^3$ (*n.* 2.)

Crassities cuticulæ $= c$. *diameter Vaporis* $= x$. *proportio* $= p : 1$.

Et erit $2p = \sqrt[3]{(1000.a^3)} - \sqrt[3]{(999.a^3)}$

Ideòque $p = \dfrac{10a - 9\frac{996}{1000}a = \frac{4}{1000}}{2} = \frac{2}{1000} = \frac{1}{500}$

Ergo $1 : 500 = c : x$.

§. L.

Les Vapeurs qui s'élévent sont

Vapores ascendentes aëre THEOREMA 6.

ſunt ſpecificè graviores, ideòque in illo ſecundùm leges hydroſtaticas aſcendere nequeunt.

Demonſtratio. 1. *Proportio craſſitiei cuticulæ aqueæ bullam millies expanſam cingens, eſt ad ipſum diametrum bullæ, ut* 1. *ad* 500. (§. 49.)

2. *Craſſities lamellæ aqueæ Vaporis in aëre naturali eſt inventa* $\frac{20\ \text{VIII}}{1000000}$ *digiti* (§. 47.) *vel ſi colorem album exhibent* $\frac{\frac{3\ \text{V II}}{8}}{1000{,}000}$ *digiti.*

3. *Si itaquè Vapores in tantùm eſſent expanſi, ut aëre eſſent ſpecificè leviores, diameter priorum eſſe deberet* $= \frac{20\ \text{VIII}}{1000000} \times 500 = \frac{10000\ \text{VIII}}{1000{,}000}$ *vel* $\frac{1\ \text{III}}{100}$ *digiti. Poſteriorum verò diameter foret* $= \frac{1875\ \text{VIII}}{1000000}$ *vel proximè* $\frac{2\ \text{V}}{1000}$ *digiti.*

4. *Diameter crinis ſatis craſſi inventus eſt* $\frac{333\ \text{VIII}}{\frac{3000}{1000{,}000}}$ *vel* $\frac{3\ \text{V}}{1000}$ *digiti, vel etiam* $\frac{1}{300}$ *digiti.* (§ 16. *n.* 5.) *Ergo*

ſpécifiquement plus peſantes que l'air; ainſi elles ne peuvent y monter par les loix de l'Hydroſtatique.

Demonſtration. 1. L'épaiſſeur d'une pellicule d'eau, qui forme une bulle, eſt au diamétre de la bulle, comme 1. eſt à 500. (§. 49.) 2. On a trouvé que l'épaiſſeur de la pellicule d'une Vapeur aqueuſe (§. 48.) eſt dans l'air naturel de la vingt millioniéme partie d'un pouce; & s'il s'agit d'une Vapeur qui donne le blanc, elle eſt trois huitiémes, d'un millioniéme de pouce. 3. Si les Vapeurs étoient donc aſſez dilatées, pour être ſpécifiquement plus légéres que l'air, le diamétre des Vapeurs du premier genre devroit être $= \frac{20}{1.000.000} \times 500 = \frac{10.000}{1000.000}$ ou $\frac{1}{100}$ de pouce, & le diamétre des Vapeurs du ſecond genre ſeroit $= \frac{1875}{100.000}$ ou à peu près $\frac{2}{1000}$ de pouce. 4. Or on a trouvé que le diamétre d'un cheveu aſſez gros étoit de $\frac{300}{1000.000}$ ou $\frac{3}{1.000}$ de pouce, ce qui revient à $\frac{1}{300}$ de pouce (§. 16. n. 5.)

Donc

Donc le diamétre d'une Vapeur soûtenue dans l'air, tel qu'il est auprès de la terre, devroit être environ trois fois plus grand que le diamétre d'un cheveu, & celui des Vapeurs du second genre devroit être les deux tiers du diamétre d'un cheveu.

5. Or L'expérience nous montre que le diamétre d'une Vapeur n'est pas tel, & qu'il n'est à peine que la douziéme partie de celui d'un cheveu; ou qu'il ne contient que deux cens soixante-dix-sept millioniémes parties d'un pouce. Donc les Vapeurs ne sont pas assez dilatées, pour être spécifiquement plus légéres que l'air, & pour y monter selon les Loix de l'Hydrostatique. c. q. f. d.

diameter Vaporis in aëre nostro hærentis, ter circiter major esse deberet quàm diameter crinis, vel saltem posteriorum, n. 3. duas partes tertias de diametro crinis continere deberet.

5. *Cùm verò hoc sit contra experientiam, & diameter Vaporis vix (§. 16. n. 5.) sit $\frac{1}{12}$ de crassitie crinis, vel $\frac{277\ \text{VIII}}{1000.000}$ digiti. Ergo Vapores in tantùm non sunt expansi, ut aëre essent specificè leviores, & in illo secundùm leges hydrostaticas ascendere possent. Q. E. D.*

§. LI.

Scholion 1.

Le calcul du Theorême & du Problême précedent est exact: il n'y a donc pas lieu de douter de la certitude de cette démonstration.

Calculus in hoc Theoremate & Problemate præcedente accuratissimè factus est; ideòque de certitudine hujus demonstrationis nemo dubitare potest.

§. LII.

Scholion 2.

Nulle raison ne prouve que la chaleur du Soleil puisse di-

Nulla quoque adest ratio, quod Vapores per particulas

igneas à calore Solis expandi poſſint ad tantam magnitudinem. Et licet etiam in tantùm expanderentur, à calore aquæ ebullientis, hæc expanſio mox ceſſabit, calore in aëre frigido amiſſo, & ab aëre comprimentur: Fient ergo aëre iterùm ſpecificè graviores, & deſcendent. Illuſtris Wolffius putat quidem Vapores ſemel expanſos ob eorum minutiam, non poſſe iterùm comprimi (Phyſ. Exper. T. 2. §. 85.) ab aëre externo. Sed quod hoc omninò fieri poſſit, patet ex Experimento tertio & §. 20.

later les Vapeurs au point de les faire monter. Supoſât-on que la chaleur de l'eau bouillante leur donnât une expanſion ſuffiſante, elle ceſſeroit bientôt, parce que la chaleur paſſeroit dans l'air froid, & les Vapeurs ſeroient reſſerrées par l'air. Elles deviendroient donc encore plus peſantes que l'air, & deſcendroient. M. Wolf penſe que les Vapeurs une fois dilatées ne peuvent plus ſe comprimer à cauſe de leur petiteſſe. C'eſt ce qu'il dit dans ſa Phyſique expérimentale, tom. 2. n. 85. mais le contraire eſt évident par notre troiſiéme Expérience. (§. 20.)

§. LIII.

SCHOLION 3. *Perindè itaquè nobis eſſe poteſt, an aër in cavitate Vaporum contineatur, vel an à ſubtiliori quadam materia expanſi ſint. Sed demonſtrari poteſt aërem in cavitate Vaporum contineri elaſticum; expanduntur enim, ſi aër rareſit in majus ſpatium:*

Il nous eſt donc indifférent que l'air ſoit contenu dans la cavité des Vapeurs, ou qu'elles ſoient dilatées par quelqu'autre matiére plus ſubtile que l'air. Cependant on peut démontrer qu'il y a un air élaſtique dans la cavité des Vapeurs: car les Vapeurs ſe dilatent, quand l'air ſe dilate de ſon côté (§. 20.) Et bien que les Vapeurs ſoient d'abord dilatées par cette matiére fluide & élaſtique que nous avons déterminée, artic. 24. cependant comme il y a toûjours de l'air mêlé avec l'eau, & qu'il ſe tient dans les intervales de l'eau, comme l'a obſervé M. Mariote, la cavité des Vapeurs ſe trouvera auſſi enſuite remplie d'air. Donc la cavité des Vapeurs qui ſont ſoûtenues dans l'air eſt pleine d'air, quand même on ſupoſeroit qu'elles ſont ſorties d'une eau purgée d'air, parce qu'on ne peut pas ôter de l'eau tout l'air qui y eſt contenu.

(§. 20.) *Et licèt etiam Vapores primò per fluidum illud elaſticum ſubtilius in* §. 34. *determinatum expandantur; attamen, quia aër ſecum aquâ miſcetur, & in interſtitia ejus abit, (obſervante Marioto) hæc cavitas etiam mox ab aëre replebitur. Cavitas ergo Vaporum in aëre hærentium aëre eſt repleta, licèt etiam ex aqua ab aëre depurata, (quod ne quidem ex toto fieri poteſt) aſcenderint.*

§. LIV.

LEMMA 6.

Les réſiſtances qu'aportent les fluides aux corps qui ſe meuvent dans eux, ſont à peu près en raiſon de leur gravité ſpécifique. (*par les principes de Phyſique.*)

Reſiſtentiæ fluidorum verſus corpora, quæ in illis moventur, ſunt quàm proximè in ratione gravitatis ſpecificæ. (per principia phyſica.)

§. LV.

COROLLARIUM.

La réſiſtance que l'air aporte au mouvement des corps, eſt donc environ mille fois plus petite que la réſiſtance qu'aporte l'eau au mouvement des mêmes corps.

Reſiſtentia ergo aëris millies circiter minor erit, quàm reſiſtentia aquæ verſus idem corpus.

§. LVI.

EXPERIMENTUM 7.

Mercurium per corium cervinum in superficiem aquæ trajeci, sic pars Mercurii per aquam descendebat, pars verò in minutissimas sphærulas divisa aquæ innatabat & cohæsionem ejus non superare, ideòque nec descendere valebat. Harum sphærularum natantium maximæ non excedebant $\frac{1}{100}$ digiti Parisiensis, earumque pondus per calculum determinavi esse $\frac{1}{500}$ grani. Pondus itaque sphærulæ talis, quæ cohæsionem aëris superare nequit, non excedere debet $\frac{1}{500.000}$ grani (§. 55.) cujus diameter erit $\frac{1}{1000}$ digiti Parisiensis, diameter verò sphærulæ aqueæ ejusdem ponderis $\frac{11}{10.000}$ digiti.

Ayant fait passer du Mercure au travers d'un morceau de peau de cerf, & le faisant tomber sur de l'eau, une partie du Mercure est descendue dans l'eau, & une partie se trouvant divisée en de très petits globules a nagé sur l'eau. Le Mercure ne pouvoit rompre l'adhérence des parties de l'eau ni descendre. Les plus gros de ces petits globules n'alloient pas au-delà de la centiéme partie d'un pouce mesure de Paris. Ayant calculé leur poids, j'ai trouvé qu'il étoit une cinq centiéme partie d'un grain; ainsi le poids d'un globule qui ne pourra vaincre la cohésion de l'air, ne doit pas passer la cinq cens milliéme partie d'un grain (§. 55.) son diamétre aura la milliéme partie d'un pouce mesure de Paris, & le diamétre d'un globule d'eau de même poids doit être la onze dix milliéme partie d'un pouce.

§. LVII.

COROLLARIUM.

Particula ergo aquea, quæ minor est $\frac{11}{10.000}$ digiti, re-

Donc une molécule d'eau qui seroit plus petite que la onze

dix milliéme partie d'un pouce, ne sçauroit vaincre les résistences de l'air, & son poids ne pourroit la faire descendre. Elle demeureroit donc dans l'air, & elle y nageroit.

sistentiam aëris non superare & ex pondere descendere potest, sed in aëre natabit.

§. LVIII.

DEFINITIO 3.

Par le mot de *dissolution d'un corps*, nous entendons que les parcelles de ce corps sont reçues dans les intervales d'un corps fluide, & qu'elles y sont soutenues.

Per solutionem intelligimus receptionem particularum corporis in interstitia fluidorum, & sustentatio earumdem in hisce.

§. LIX.

SCHOLIUM.

Comme les Physiciens n'ont pas expliqué distinctement ni entiérement comment se fait cette dissolution, nous avons jugé à propos de l'expliquer ici.

Modum solutionis ipsum, quia plerumque à Physicis non distinctè & adæquatè explicatur, hìc subnectere placet.

1. Les petites parcelles du fluide dissolvant *c*, *c*. pénétrent dans les intervales du corps que le fluide doit dissoudre, elles éloignent & écartent les parties *a*, *a*, *a*. & leur font prendre la situation qu'elles ont dans la Figure qu'on a jointe ici. 2. Comme les parcelles *c*, *c*, *c*. &c. se touchent immédiatement, leur action con-

1. *Particulæ minutissimæ fluidi solventis* c c. *penetrant in interstitia solvendi, partesque* a a. *resolvunt & disjungunt; ita ut eum situm, quem Figura 1ª. repræsentat, obtineant.* 2. *Ob immediadiatum contactum actio particularum* c. *versus particulas* a. *major fit, quàm co-*

hæsio particularum c c. *inter se, quia particulæ* a a. *sunt specificè graviores (per principia physica.)* 3. *Quia actio & reactio semper sunt æquales, erit & major reactio particularum* a. *in lineis* a c *versus particulas* c. *quam cohæsio partium* c c. *Movebuntur itaque particulæ* a a. *ob vim motricem compositam in linea diagonali* a a. *& occupabunt interstitia* a. *ibique hærebunt, si propter exiguum pondus cohæsionem aquæ superare non poterunt* (§. 57.) *Quando verò nova particula corporis soluti distendit particulas inferiores* c c. *erit angulus* c a c. *major angulo* g a g. *Ergo diagonalis* a a. *non solùm minor fit diagonali* a k. *sed & particula* a. *planè cessat contingere particulas* c c. *adeòque planè non agit versus* c c. *Sequetur ergo particula* a *tendentiam in linea* e k. *quia nihil resistit & occupabit interstitium* k.

tre les molécules *a*, *a*, *a*. a plus de force que n'en a la cohésion des parcelles *c*, *c*, *c*. &c. parce que les molécules *a*, *a*. sont spécifiquement plus pesantes. (cela est certain par les principes de Physique) 3. La réaction étant toûjours égale à l'action, la réaction des molécules *a*, *a*. dans la direction des lignes *a c*. sera donc plus grande que la cohésion, que les parcelles *c*, *c*, *c*. n'ont entr'elles ; les molécules *a*, *a*. suivront donc la ligne diagonale *a*, *a*. parce qu'elles ont une force motrice composée, & elles occuperont les espaces *a*, *a*. & s'y tiendront lorsque leur poids sera trop petit pour vaincre la cohésion des parties de l'eau (§. 57.) S'il arrive qu'une nouvelle molécule du corps déja dissous écarte les parcelles inférieures *c*, *c*. l'angle *c a c*. sera plus grand que l'angle *g a g*. & alors la diagonale *a*, *a*. sera plus petite que la diagonale *a k*. & la molécule *a* cessera de toucher les parcelles *c*, *c*, *c*. & n'agira plus contr'elles : La molécule *a*. suivra donc la direction qu'elle a dans la ligne *a k*. parce que rien ne lui résiste, & elle occupera l'espace qui est en *k*. & c'est de cette façon que la molécule s'élévera toûjours plus haut dans le fluide qui la dissoud.

& hoc modo particulæ altiùs semper ascendent in fluido solvente.

§. LX.

THEOREMA 7.

Ce n'est pas par voye de dissolution, que les Vapeurs aqueuses se séparent de l'eau.

Vapores aquei non per modum solutionis ab aqua separantur.

Démonstration. Les Vapeurs aqueuses soûtenues dans l'air sont des vésicules creuses (§. 12. & 18.) & la dissolution ne peut former des vésicules creuses. (§. 59.) donc, &c.

Démonstratio. *Vapores aquei in aëre hærentes sunt vesiculæ cavæ* (§. 12. 18.) *modus solutionis verò vesiculas efficere nequit* (§. 59.) *ergo Vapores non per modum solutionis ab aqua separantur.*

§. LXI.

SCHOLION.

Nous ne disons pas pour cela, que les Vapeurs déja formées & séparées de l'eau, ne puissent se soûtenir dans l'air & y monter par voye de dissolution.

Non negamus hìc Vapores jam separatos per modum solutionis, in aëre posse sustentari & ascendere.

§. LXII.

THEOREMA 8.

Les Vapeurs qui sortent de l'eau chaude, se séparent de l'eau par l'élévation des particules de feu, ensuite elles sont élévées par le moyen de l'air

Vapores ex aqua calida ascendentes per ascensum particularum ignearum ab aqua separantur, post verò per aërem supra aquam hærentem

à calore expansum & ascendentem simul sursùm elevantur, aut etiam, cessante aëris motu, per modum solutionis in superiorem aëris regionem ascendunt, ibique sustentantur per aëris cohæsionem.

Demonstratio. *Sit aqua calida, & ascendent permultæ bullulæ minutissimæ à fluido* (§. 32.) *quodam subtili elastico, particulas igneas secum vehente* (§. 34.) *determinato, vel etiam ab aëre in aqua contento expansæ; sunt enim aquâ specificè leviores.* 2. *Hæ bullæ ad superficiem aquæ cùm pervenerint ob tenacitatem ejus, cuticulam aqueam secum elevabunt.* (§. 31.) 3. *Quia verò tales bullulæ motu uniformiter accelerato ascendunt* (§. 28.) *magnam celeritatem acquirunt, ideòque aliquantùm supra aquam ascendent.* (§. 29.) 4. *Aër quoque simul supra aquam ebullientem ad ⅓ vel à calore Solis*

situé sur l'eau, dilaté par la chaleur, & lequel s'éléve; mais quand le mouvement de l'air vient à cesser, elles montent dans l'air supérieur par voye de dissolution, & s'y soûtiennent à cause de la cohésion des molécules de l'air.

Démonstration. 1. Dès-que l'eau est échauffée, il s'éléve de bas en haut un très-grand nombre de très-petites bulles, poussées par un corps fluide, subtil & élastique, & qui entraîne avec soi des particules de feu (§. 34.) On peut encore dire que ces bulles sont dilatées par l'air qui se trouve dans l'eau; car elles sont spécifiquement plus légéres que l'eau.

2. Les bulles étant arrivées à la surface de l'eau, emporteront avec elles une pellicule d'eau, parce que les parties de l'eau sont adhérentes les unes aux autres (§. 31.).

3. Mais comme les bulles montent & accélérent leur mouvement (§. 28.) elles acquiérent une grande vitesse; elles s'éléveront

leveront donc un peu au-dessus de la surface de l'eau. (§. 29.)

4. Selon les observations de M. Halley, l'air qui touche l'eau bouillante est dilaté d'un tiers, & l'air échauffé par le Soleil est dilaté d'un septiéme : Donc cet air devient plus léger que l'air plus froid qui l'environne ; il doit donc s'élever avec un mouvement uniformement accéléré, & employer pour cela la force du tiers de son poids, & un air plus froid viendra prendre sa place. (.§. 28. 26.)

5. Les bulles étant composées de petites goutes, dont le diamétre n'est pas de onze-dix milliémes d'un pouce (§.16.n.5.) ayant d'ailleurs plus de surface que la goute dont elles sont composées, elles ne pourront vaincre par leur poids la cohésion de l'air (§. 57.) mais elles y demeureront suspendues. Donc quand l'air s'élevera d'un mouvement uniformement accéléré, elles s'éleveront avec lui. (n. 3.

6. Les Vapeurs s'éleveront

ad $\frac{1}{7}$ observante Halleio, expanditur ; fit ergo specificè levior aëre circumjecto frigidiori, & cum vi tertiæ partis sui ponderis motu uniformiter accelerato ascendit, & in ejus locum semper alius frigidior adfluet. (§. 28. 26.)

5. *Quia tales vesiculæ constant ex guttulis, quarum diameter minor est $\frac{11}{10000}$ digiti* (§. 16. *n.* 5.) *& præterea majorem habent superficiem, quàm guttulæ, ex qua conflatæ sunt, cohæsionem aëris ex pondere superare non valebunt* (§. 57.) *sed in illo natabunt. Simul itaque cum aëre ascendente, motu uniformiter accelerato, ascendunt & sursùm elevantur.* (*n.* 3.) 6. *Hæc elevatio per aërem ascendentem tam diù durabit, donec aër calorem amisit ; quod verò ob exiguam gravitatem specificam aëris frigidioris circumjecti admodùm tardè fit.* (*per principia physica*) 7. *Quia fluidum specificè*

levius cum corpore ſpecificè graviori cohæret (per principia phyſica) particulæ aëreæ ceſſante motu aëris (n. 5.) cum Vaporibus cohærebunt. Et quia propter exiguitatem, hanc cohæſionem ex pondere ſuperare non valent (n. 4.) ab aëre licet quieto, ſuſtentantur. 8. *Hi Vapores in inferiori aëris regione adhuc hærentes, etiam in aëre quieto altiùs adhuc aſcendent per modum ſolutionis (§. 59.) ſed hic aſcenſus admodùm erit tardus, quod etiam probant Vapores tempore nocturno à magnis fluviis copiosè producti, qui per magnum temporis ſpatium inſtar nubeculæ ſupra aquam hærent, & admodùm tardè elevantur.* 9. *Illuminetur verò terra à Sole, & particulæ igneæ radiorum ſolarium per ſuperiorem aërem, utpotè ſpecificè leviorem, celeriter tranſibunt ad terram, & in aërem circa terram vel aquam hærentem & ſu-*

avec l'air tandis qu'il conſervera ſa chaleur ; or l'air ne doit la perdre que très lentement, parce que l'air froid qui l'environne, n'a qu'une gravité ſpécifique fort peu conſidérable. (*ſelon les principes de la Phyſique.*)

7. Le mouvement de l'air venant à ceſſer, les molécules de l'air demeureront adhérentes aux Vapeurs (n. 5.) & parce que les Vapeurs étant très-petites ne peuvent par leur poids vaincre cette adhérence (n. 4. elles demeureront ſoutenues dans l'air, même lorſqu'il eſt le plus tranquile.

8. Les Vapeurs ſoutenues dans la région inférieure de l'air y monteront, l'air étant tranquile, & cela par voye de diſſolution. (§. 59.) Mais cette ſeconde ſorte d'élevation ſe fera fort lentement, comme on le voit par l'expérience. Les Vapeurs qui s'élevent abondamment pendant la nuit, au-deſſus des grandes rivieres, paroiſſent pendant long-tems comme un nuage qui couvre la riviere, & ne

s'élevent que fort tard.

9. Mais quand le Soleil éclaire la terre, & que ses rayons viennent à se répandre, l'air le plus près de la terre ou de l'eau sera aussi le plus échauffé. (*selon les princip. de Phys.*) l'expérience le montre soit en hiver, soit en été.

10. L'air échauffé & devenu spécifiquement plus léger s'élevera, emportant avec soi toutes les Vapeurs qu'il soûtenoit (n. 6.) & les élevera dans la région supérieure.

11. Les Vapeurs ne doivent monter que jusqu'à un certain point, parce que les molécules de l'air supérieur étant moins comprimées que les molécules inférieures, sont aussi plus grandes: Il y aura donc là moins de molécules d'air qui pourront enveloper la Vapeur & lui être adhérentes.

12. La cohésion étant devenue moindre, le poids rélatif des Vapeurs sera plus grand que la cohésion de l'air; l'élevation cessera donc, & les Vapeurs s'arrêteront dans l'endroit où

periorem aërem non sensibiliter calefacient (per principia physica) aër verò circa terram magis calefiet, quod & tempore æstivo & hyberno, teste experientiâ, contingit. 10. Aër sic calefactus & specificè levior redditus ascendet, & simul totam congeriem Vaporum quam sustentat (n. 6.) ad superiorem aëris regionem secum elevabit. 11. Hic ascensus Vaporum nonnisi ad certam altitudinem aëris durat: Particulæ enim aëris superioris, cùm sint minùs compressæ, majores etiam sunt inferioribus; pauciores ergo Vaporem cingere & cum illo cohærere possunt. 12. Cohæsione imminutâ, pondus Vaporum respectu ejus major fit quàm cohæsio cum aëre; cessabit itaque ascensus, & Vapores in tali regione subsistent, ubi vis cohæsionis æqualis est ponderi Vaporum. 13. Talis congeries Vaporum in super-

riori aëris regione hærens sub minori angulo optico videtur. Videntur itaque se invicem contingere, & sic lumen copiosè ex illo loco ad oculum nostrum reflectendo, nubem repræsentant.

la force de la cohésion est égale au poids des Vapeurs.

13. Les Vapeurs ramassées & soutenues dans la région supérieure de l'air se présentent sous un plus petit angle optique; c'est pourquoi elles sembleront se toucher, & réfléchissant un grand nombre de rayons de lumiére jusqu'a notre œil, elles nous réprésenteront des nuages.

§. LXIII.

COROLLARIUM 1. *Vapores itaque tantò majori copiâ & tantò celeriùs ascendent, quò magis fluidum erit calefactum, & quò minor est ejus tenacitas vel resistentia.*

Plus le fluide sera échauffé, plus sa ténacité & sa résistance sera petite; plus aussi les Vapeurs s'éleveront abondamment & promptement.

§. LXIV.

COROLLARIUM 2. *Quia tempore hyberno & nocturno aër citiùs calorem suum amittit quàm aqua, particulæ igneæ ex aqua versus aërem frigidiorem movebuntur, & dum ex aqua ascendunt, copiosos Vapores efficient.* (§. 62. n. 1. 2. 3.)

Pendant l'hyver & dans le tems de la nuit, l'air perd plus vîte sa chaleur que l'eau ne la perd: les particules de feu passeront donc de l'eau dans l'air, & dans ce passage elles formeront des Vapeurs abondantes. (§. 62. n. 1. 2. 3.)

§. LXV.

COROLLARIUM 3. *Quia spiritus ardentes,* ex. gr. *spiritus vini ad sum-*

Les esprits ardens, tels que l'esprit de vin rectifié, contiennent beaucoup de souphre, & par conséquent beaucoup de feu; leurs parties sont moins ténaces que celles de l'eau: ce qu'elles contiennent de particules de feu étant excité par le mouvement intérieur du fluide, montera (§. 28.) & produira des Vapeurs (§. 62. n. 1. 2.) C'est la raison pourquoi l'esprit de vin s'évapore plus aisément que l'eau. (§. 63.)

mam subtilitatem redactus, multas particulas sulphureas, ideòque etiam igneas continent, & prætereà minùs tenaces sunt quàm aqua, harum particularum ignearum pars, per motum intestinum fluidi excitata, ascendit (§. 28.) & Vapores efficit (§. 62. n. 1. 2.) Ergo spiritus vini faciliùs in Vapores abit quàm aqua (§. 63.)

§. LXVI.

COROLLARIUM 4.

Le poids des corps diminuant en raison inverse du quarré de leur distance au centre de la terre, les Vapeurs pourront monter dans l'air à la distance de quelques milles, avant que leur élevation soit empêchée par cette cause. (§. 62. n. 11.)

Quia pondus corporum decrescit, uti quadratum distantiæ à centro terræ crescit; Vapores ad aliquot milliaria in aëre ascendere poterunt, antequàm dictum impedimentum ascensûs (§. 62. n. 11.) locum habeat.

§. LXVII.

SCHOLIUM I.

Quoique l'eau bouille de plus en plus, il ne s'en forme pas moins de Vapeurs; car les parties du fluide élastique qui gonfle les plus grandes bulles, s'envelopent d'une pellicule aqueu-

Productio Vaporum non minuitur per majorem aquæ ebullitionem; particulæ enim fluidi elastici, bullas majores expandentis, dum talis bulla dissilit, cuticulam aqueam ex illa majori cuticula dissiliente induunt, & sic in Vapores abeunt. (§. 62. n. 2.) Et hoc etiam observatur in aqua ebulliente, ubi bullæ majores dissilientes magnam copiam Vaporum producunt.

se, lorsque la grosse bulle vient à crever. (§. 62. n. 2.) On peut remarquer cela dans l'eau bouillante, où les plus grosses bulles produisent en crevant, un grand nombre de Vapeurs.

§. LXVIII.

SCHOLIUM 2. *Quia in animalibus & hominibus per motum sanguinis insignis calor producitur; transpiratio insensibilis eâdem ratione explicanda est, quàm evaporatio aquæ. Et quia serum in animalibus multis particulis sulphureis & salinis volatilibus impregnatum est, hæc simul in auram abeunt.*

Le mouvement du sang produit dans les Animaux une chaleur considérable : on peut donc expliquer l'insensible transpiration, comme on explique l'évaporation de l'eau. La sérosité du sang des Animaux se trouve mêlée avec un grand nombre de particules volatiles sulphureuses & salines : Ces particules s'échaperont donc avec ce qui transpire, & se répandront en l'air.

§. LXIX.

SCHOLIUM 3. *Quia Vapores æqualem caloris gradum possident ac aër in quo hærent, & hic nunquam ab omni calore privatus est; Vapores propter particulas igneas, quas in*

Les Vapeurs ayant un degré de chaleur égal à celui de l'air dans lequel elles sont soutenues, seront toûjours portées vers les endroits les plus froids, parce qu'elles contiennent des parcelles de feu dans leur cavité. (§. 42. n. 1.) on ne peut suposer que l'air soit entiérement privé de chaleur.

cavitate continent, semper versus loca frigidiora movebuntur. (§. 42. *n.* 1.)

§. LXX.

SCHOLIUM 4.

Voici comment s'opére la distillation par le moyen de l'Alembic. Le feu renfermé dans la Vapeur se porte vers les parois de l'Alembic qui sont les plus froids (§. 69.) tandis qu'il passe au travers, il laisse sur les surfaces intérieures des parois ses envelopes aqueuses; l'amas qui s'en fait, forme des goutes sensibles.

Destillatio itaque sequenti modo peragitur in vasis, dum particulæ igneæ in cavitate Vaporum inclusæ (§. 69.) *versus latera vasis frigidiora moventur, & in ea transeuntes cuticulas aqueas in lateribus interioribus relinquunt, quæ ibi confluentes iterùm guttas formant.*

§. LXXI.

OBSERVATIO 3.

J'ai encore à expliquer la maniére admirable dont s'élevent en l'air des particules d'eau, comme on l'observe souvent dans les endroits maritimes. Le fait est certain & raporté d'après un grand nombre de Rélations.

Singularis & valdè mirabilis adhuc restat modus elevationis particularum aquearum in aërem, qui in locis maritimis non rarò observari potest. Observatio ex permultis Itinerariis collecta hæc est.

Deux vents contraires souflent quelquefois, de maniere qu'ils réduisent en des Vapeurs grossiéres les nuës dont ils se

Fit interdùm, cum duo venti oppositi spirant, ut nubes correptas in Vapores crassos cogant, quorum pars

usquè ad superficiem aquæ descendit, vel terram attingit, & formam columnæ coniformis induit, cujus basis suprà adhuc cum nube cohæret. Hæc columna per ventos contrariis directionibus spirantes celerrimè circumrotatur, & cum illo, qui validissimus est, propellitur. Intùs cava esse observatur, & ob vertiginosam rotationem, figuram ferè Cochleæ Archimedeæ æmulatur. Intra hanc columnam in superficie aquæ hærentem, aqua in vorticem rapta sursùm elevatur, & assilit, ac si ebulliret. Permultæ particulæ aqueæ avolant, & pluviam faciunt extra columnam. In terram per ventum devectâ, omnia corpora levia intra columnam invecta in sublime tolluntur, eâque per terram sabulosam transeunte, arena sursùm vehitur, & longa fossa efficitur. Arbores maximæ radicitùs evelluntur. Maximo quoque

sont saisis. Une partie de ces Vapeurs descend jusqu'à la surface de l'eau ou à celle de la terre, & prend la forme d'un cône, dont le sommet seroit en bas, & la base tient encore aux nuës: La violence des vents oposez donne à cette colomne un grand mouvement de rotation, & la colomne suit en même tems la direction de celui des deux vents qui est le plus fort. On a observé qu'elle étoit creuse par dedans, & qu'elle a dans son tourbillonnement à peu près la figure de la Vis d'Archimede. Lorsque la colomne touche la surface de l'eau, l'eau qui la compose tourbillonnant avec violence, s'éleve & monte comme si elle bouillonnoit; un grand nombre de particules d'eau s'en échapent & forment une pluye hors de la colomne. Si le vent la conduit sur la terre, tous les corps légers qui se trouveront au dedans de la colomne; seront violemment poussez en haut; si elle passe sur une terre sabloneuse, le sable sera jetté

jetté en l'air, la colomne laissera une longue fosse sur son passage : On a vû quelquefois des arbres qu'elle avoit arrachez, & elle fait en marchant un bruit égal à celuï de cent chariots qui rouleroient sur un pavé. Enfin elle monte tout-à-fait en haut, & cause une pluye effroyable, ou bien elle coule sur la terre ; & alors elle fait comme un déluge dans tous les lieux voisins. Les François donnent à ces colomnes le nom de Trompe marine, en Hollandois on les apelle *Hoozen*, en Anglois *Waterspouts*, & en Latin *Tuba Aquatica*.

cum strepitu hæc columna procurrit, ac si centum currus in via lapidea traherentur. Tandem verò aut sursùm iterùm elevatur, ubi maximus imber sequitur, aut delabitur, ubi omnia aquâ teguntur & quasi diluvium efficitur. Talis columna à Gallis Trompe de Mer *salutatur, Hollandi dicunt* Hoozen, *Angli verò* Waterspouts, *Latinè dicitur* Tuba Aquatica.

§. LXXII.

THEOREMA 9.

Les particules d'eau qui montent dans la Trompe marine, sont élevées en l'air, en partie par la pression de l'air inférieur, en partie par la force centrifuge.

Particulæ aqueæ in tuba aquatica ascendentes, partim per pressionem aëris inferioris, partim per vim centrifugam sursùm elevantur.

Demonstration. Un célébre Ecrivain Anglois, M. Haucksbée, a prouvé par une expérience singuliére raportée dans ses Expériences Phisico-méchaniques, pag. 115. que l'air poussé par le vent ne presse point ce qui est

Demonstratio. *Celeber Anglus Hauckshee in Experimentis Physico-mechanicis, pag. 115. per singulare experimentum comprobavit, quòd aër per ventum commotus non premat in subjacentem, quare hic se expandat & rarefiat. 1. Spiret itaque ventus in superiori aëris regione, & aër superior non ampliùs comprimet aërem in cavitate tubæ inclusum, hic itaquè se expandet, rarefiet, & pars ex tuba in superiori apertura exibit, & cum vento simul promovebitur. Hæc rarefactio eò major erit, quò vehementior ventus est, qui supra tubam spirat. Aër hoc modo intra tubam rarefactus, non ampliùs tantâ vi resistet aëri in inferiori regione circa tubam hærenti, hic itaquè tubam intrabit, & eâdem celeritate in tuba ascendet, quâ ventus superior promovetur. 3. Hic motus aëris ex inferiori parte tubæ in superiorem tamdiù erit continuus, quàm diù ventus superior spirat. (n. 1.) 4. Si verò talis tuba aquam contingit, eâdem ratione, uti mercurius in Barometro, aqua ab aëre ad aliquam altitudinem, quæ rarefactioni &*

au-dessous de lui : l'air inférieur doit donc se dilater & se raréfier.

1. Si le vent soufle donc dans la région supérieure de l'air, l'air supérieur ne pressera plus l'air qui est enfermé dans la cavité de la Trompe : cet air se raréfiera donc, & une partie sortira par l'orifice supérieur de la Trompe, & continuera à se mouvoir avec le vent qui l'emportera. L'air se dilatera en raison de la violence du vent qui soufle au-dessus de la Trompe.

2. L'air ainsi dilaté au dedans de la Trompe, n'aura plus tant de force pour résister à l'air inférieur qui est autour de la Trompe ; celui-ci y entrera donc, & y montera avec autant de vîtesse, que le vent supérieur en a pour aller en avant.

3. Le mouvement de l'air qui va de bas en haut, continuera dans la Trompe, tant que durera le vent supérieur. (n. 1.)

4. Mais si la Trompe rase l'eau, l'eau sera repoussée au dedans de la Trompe par le poids de l'air collateral, en rai-

ſon de la dilatation de l'air intérieur, & de la vîteſſe ſelon laquelle il s'élevera dans la Trompe.

5. L'air qui monte au dedans avec une grande vîteſſe, en écarte les extrêmitez, il les emporte avec ſoi ſous la forme de petites goutes, & les éleve en haut.

6. L'élevation de ces goutes d'eau ſera encore aidée par la rapidité du tourbillonnement de la Trompe; car elles acquiérent une force centrifuge: (*ſelon les principes de la Méchanique.*) c'eſt pourquoi, elles s'efforcent de s'éloigner du centre vers la circonférence le long des parois de la Trompe, comme ſur un plan incliné. Elles arriveront donc enfin juſqu'au haut, & le vent les ſoutiendra en l'air.

7. C'eſt encore la force centrifuge qui empêche que l'air extérieur ne reſſerre la Trompe juſqu'au point de la détruire.

8. Comme il ſe trouve de ces Trompes qui ont quelquefois plus de cent pieds de circonfé-

celeritati aëris aſcendentis proportionalis eſt, ſursùm elevabitur. 5. *Aër per hanc aquam magna cum celeritate aſcendens extremas partes disjungit, & in forma guttularum ſecum abripiet & ſursùm elevabit* 6. *Hic aſcenſus guttarum aquearum promovebitur per celerem tubæ circumrotationem; acquirunt enim vim centrifugam* (*per principia Mechanica*) *quàpropter in latcribus tubæ, tanquam in plano inclinato, à centro ſemper magis aufugere conantur, & ſic tandem ad ſummitatem perveniunt, ubi per ventum in aëre diſtribuuntur & ſuſtentantur.* 7. *Eadem vis centrifuga impedit, ne tuba ab aëre externo comprimatur.* 8. *Quia talis tuba ſæpè* 100. *pedes & plures in circumferentia habet, guttæ aqueæ ob magnam aquæ ſuperficiem* (*n.* 4.) *in maxima copia aſcendent, & tota aëris regio ſuperior brevi tempore particulis aqueis repletur. 8. Hæ particulæ aqueæ tamdiù sustentari poterunt, quàm diù per ventum satis celeriter promoventur. Hoc verò cessante, mox deorsùm præcipitabuntur & magnum imbrem efficient. Q. E. D.*

rence, il montera une grande quantité de goutes, à cause de la grande surface de la Trompe (n. 4.) & toute la région supérieure de l'air se trouvera bientôt remplie de particules d'eau.

9. Elles pourront être soutenues en l'air tout le tems que le vent aura assez de vîtesse pour les pousser en avant; mais du moment que le vent cessera, elles tomberont en bas, & feront une grande pluye. c. q. f. d.

§. LXXIII.

SCHOLION I. *Quod aqua in tuba per vim centrifugam ascendere possit, sequenti illustrabo experimento. Paravi vasculum ex lamina ferrea in forma coni truncati, qualem tuba repræsentat, idque in machina motum horizontalem habente firmavi & aliquantùm aquæ infudi; sic machinâ celerrimè rotatâ, omnis aqua in vasculo tubam repræsentante ascendebat in lateribus, & ad summitatem cùm pervenisset, magna cum celeritate evolabat.*

Je vais faire sentir par l'expérience suivante, que la force centrifuge peut élever l'eau au dedans de la Trompe marine. J'ai placé au centre d'une roue posée horizontalement un vase de tôle fait en forme de cône tronqué, & qui représentoit une Trompe marine. Ayant bien assujetti le vase, j'y ai mis un peu d'eau; puis ayant fait tourner la roue avec rapidité, toute l'eau qui étoit dans le vase montoit le long des parois, & arrivée aux bords elle s'éparpilloit avec une grande vîtesse.

§. LXXIV.

L'air qui monte au dedans de la Trompe, agit très-violemment, comme on le voit par le bruit horrible qu'il fait. On peut concevoir aiſément par là comment des grenouilles, des crapauds, des poiſſons, des pierres & d'autres corps qui tombent quelquefois dans ces ſortes de pluyes, ont pû être portez juſqu'à la région des nues. J'ai ſur ce point deux faits qui me ſont très connus. Il tomba un jour avec la pluye une grenouille ſur le toit d'une maiſon, & une autre fois un crapaud tomba ſur la terre. Ces deux animaux n'ont pû certainement être produits dans les nuages, & y parvenir à la grandeur où ils étoient lors de leur chûte. On peut encore voir comment il tombe quelquefois des pluyes de ſang : c'eſt une Trompe qui paſſe ſur de la terre rouge, & l'éleve en l'air avec l'eau.

Quia aër in tuba aſcendens magnam vim exercet, quod ex tam horrendo ſtrepitu quem efficit, concluditur; facilè nunc concipi poteſt, quâ ratione ranæ, bufones, piſces, & alia corpora, quæ interdùm cum pluvia delabuntur, ad regionem nubium pervenire poſſint. Cujus rei duo exempla mihi nota ſunt, quod rana & bufo luridus, hic in terram, illa verò in tectum domûs ſimul cum pluvia delapſi ſint. Generari in nubibus & ad tantam magnitudinem ibi excreſcere nequeunt. Imò per explicationem tubæ, pluviæ ſanguineæ cauſam perſpicere poſſumus, ſi nempè tuba terram rubram vel argillam ſecum elevat.

SCHOLION 2.

§. LXXV.

On peut encore rendre raiſon de la formation ſinguliére des

Simili ferè ratione explicari poteſt ſingularis illa

SCHOLION 3.

origo nubium, quæ in Provincia Canadensi in America observatur. Hic enim fluvius Niagara de saxo 156. pedes alto se præcipitat, & ex Vaporibus per hunc lapsum ortis tanta nubes oritur, quæ in mari in distantia quinque milliarium videri potest. Hìc enim particulæ aqueæ inter præcipitandum separatæ per ingentem illum ventum, qui per lapsum aquæ rapidissimum excitatur, sursùm elevantur.

nuages qu'on observe en Amérique dans un endroit du Canada. C'est au fameux sault de Niagara; là cette riviere tombe de 156. pieds de haut; les Vapeurs que cause une si grande chûte, produisent des nuages qu'on voit en Mer à plusieurs milles de distance; plusieurs particules d'eau se séparant en tombant, sont élevées en haut par un vent qu'excite une chûte si rapide.

§. LXXVI.

EXPERIMENTUM 7.

Recepi duo vitra convexa polita, eaque mundata sibi invicem imposui. Sic circa punctum contactùs macula videbatur nigra, vel admodùm pellucida, ita ut in illo loco à binis superficiebus vitri se contingentibus nulla reflexio radiorum percipi posset, sed medium continuum esse videbatur. Idem in aliis corporibus diaphanis convexis contingit.

Ayant pris deux loupes, je les ai essuyées, & les ayant mises l'une sur l'autre, j'ai aperçu vers le point où elles se touchent, une tache noire, ou un endroit très-transparent, de maniére qu'il ne se faisoit aucune réflexion de rayons dans le lieu où les deux surfaces se touchoient; mais les deux loupes paroissoient ne faire qu'un même corps. La même chose arrive, quand on met l'un sur l'autre deux corps quelconques, pourvû qu'ils soient convexes & diaphanes.

§. LXXVII.

Les Vapeurs qui ſont ſoutenues dans un air comprimé & qui y ſont inviſibles, commencent à devenir viſibles quand l'air ſe raréfie ; & ces mêmes Vapeurs qui étoient viſibles dans l'air raréfié, redeviennent inviſibles ſi l'air vient à ſe condenſer.

Vapores in aëre compreſſo hærentes, & inviſibiles in conſpectum veniunt aëre rarefacto: Et Vapores in aëre rarefacto viſibiles iterùm inviſibiles fiunt, ſi aër rursùs condenſatur. THEOREMA 10.

Demonſtration. 1. Les Vapeurs ſont des globules dont le diamétre eſt de 277. millioniémes de pouce: Or les particules de l'air ſont beaucoup plus petites. Selon le calcul de M. Muſchembroeck, leur diamétre n'eſt que de cinq millioniémes de pouce. 2. Tandis que les Vapeurs ſont adhérentes à l'air, leurs globules ſont envelopez de pluſieurs globules d'air ; le grand nombre des points de contact fera donc que tout le globule aqueux paroîtra noir, ou ce qui revient au même, il ne réfléchira de ſa ſurface aucune lumiére ſenſible; mais il paroîtra tout tranſparent & ſemblera ne faire avec l'air

Demonſtratio. 1. *Vapores conſtant ex ſphærulis, quorum diameter eſt* $\frac{277}{1000000}$ *digiti : Particulæ verò aëris multò minores ſunt, & ſecundùm calculum Muſchembroeckii diameter earum eſt* $\frac{5}{1000000}$ *digiti.* 2. *Quamdiù itaque Vapores cum aëre cohærent, globuli tales cinguntur permultis globulis aëreis ; quamobrem propter multitudinem punctorum contactûs tota particula aquea nigra evadit, vel quod idem eſt, nihil luminis, quod ſenſu percipi poßet, à ſuperficie ſua reflectit; ſed tota pellucida evadit, ſeu cum aëre tanquam unum medium continuum videtur, atque invisibilis fit.* (§. 76.) 3. *Cùm verò Vapores in aëre rarefacto descendant* (§. 17.) *cessabit eorum cohæsio cum particulis aëreis; qua de re lumen à superficie convexa iterùm reflectunt, ideòque fiunt visibiles.* 4. *Aëre verò densiore iterùm facto, Vapores iterùm cum aëre cohærent: Fiunt ergo ob causas in n. 2. explicatas rursùs invisibiles. Q. E. D.*

qu'un même corps continu: Il sera donc invisible (§. 76.) 3. Mais comme les Vapeurs descendent lorsque l'air se raréfie (§. 17.) elles n'auront plus la même cohésion avec les parties de l'air; elles pourront donc réfléchir la lumiére par leur partie convexe & devenir visibles. 4. Que l'air se condense, les Vapeurs reprendront leur premiere cohésion avec lui, elles redeviendront encore invisibles pour les raisons expliquées. (n. 2.) c. q. f. d.

§. LXXVII.

THEOREMA II.

Vapores in aëre descendere, & in aëre condensato iterùm ascendere debent, dum rarefit.

Les Vapeurs doivent descendre quand l'air se raréfie, & monter quand il se comprime.

Demonstrat. 1. *Vapores per cohæsionem cum particulis aëreis sustentantur.* (§. 62. n. 7.) *Jam verò, si aër rarefit, particulæ ejus fiunt majores* (§. 34.) *Vapor itaquè à paucioribus cingi potest. Minuto verò numero punctorum contactûs, mi-*

Démonstration. 1. La cohésion soutient les Vapeurs (§. 62. n. 7.) mais si l'air se raréfie, ses globules deviennent plus grands (§. 34.) la Vapeur sera donc envelopée par un plus petit nombre de globules d'air, elle en sera touchée en moins de points; sa cohésion avec l'air deviendra donc

donc moindre : Donc la Vapeur descendra si l'air se raréfie. 2. Mais si l'air se condense, ses globules deviennent plus petits. (§. 34.) Donc ils envelopperont en plus grand nombre les globules des Vapeurs ; donc il les toucheront en plus de points ; donc la cohésion sera plus forte ; donc les Vapeurs qui avoient commencé à descendre, reprendront leur premiere cohésion avec l'air, & ils y monteront par voye de dissolution (§. 59.) c. q. f. d.

nuitur etiam cohæsio cum aëre. Vapores ergo in aëre, dum rarefit, descendunt.

Si verò aër iterùm condensatur, particulæ aëris fiunt minores (§. 34.) plures itaquè particulam aqueam cingere queunt, & aucto numero punctorum contactûs augetur etiam cohæsio : Vapores ergo anteà delapsi cum aëre iterùm cohærere incipiunt, & per modum solutionis in illo ascendunt. (§. 59.) *Q. E. D.*

§ LXXIX.

SCHOLION.

Il nous a fallu ajoûter les Theorêmes précédens, pour expliquer les phénoménes des Vapeurs rapportez dans la premiere & dans la seconde expérience. Pour ce qui concerne les autres phénoménes des Vapeurs, on les expliquera par les principes de la Méteorologie.

Hæc Theoremata necessariò fuerunt subnectenda, ad explicanda phænomena Vaporum in Experimento 2. & 3. observata. Reliqua verò phænomena Vaporum in Meteorologicis explicanda sunt.

§. LXXX.

DEFINITIO 4.

Les Exhalaisons sont des particules très-subtiles qui sortent

Exhalationes sunt particulæ subtilissimæ corporum

solidorum sulphureorum & salinorum per aërem dispersæ. Congeries verò talium particularum visibilis, dicitur fumus.

des corps solides sulphureux & salins, & qui se répandent en l'air. Quand l'amas des Exhalaisons devient visible, on l'apelle de la fumée.

§. LXXXI.

OBSERVATIO 4.

Frustulum de Phosphoro Brandtii ex aqua extractum & siccatum, confestim per microscopium melioris notæ contemplatus sum. Et cùm aliquandiù in aëre fuisset, observavi motum quemdam intestinum exorientem & quasi ebullientem. Simul verò Vapores sulphurei ascendebant, qui tamen flammam conceperunt.

Ayant retiré de l'eau, & fait sécher un morceau du Phosphore de Brandt, je l'ai regardé avec un excellent Microscope; le Phosphore ayant resté quelque tems à l'air, je vis que ses parties se mettoient en mouvement, & j'apercus une espéce d'ébullition, il en sortoit en même tems des Vapeurs sulphureuses, qui s'enflammerent enfin.

§. LXXXII.

COROLLARIUM.

Quia hic motus intestinus ebulliens per solam expositionem Phosphori in aërem efficitur, sequitur aërem habere vim corpora sulphurea resolvendi, & per hunc actum resolutorium calorem excitandi, qui calor ex at-

Puisque ce mouvement intérieur & cette ébullition des parties du Phosphore se fait par cela seul qu'on l'expose à l'air, il s'ensuit que l'air a la force de dissoudre les corps sulphureux, & en les dissolvant de produire de la chaleur. Or on sçait que la chaleur se forme par un frotement violent des parties les unes contre les autres.

tritu particularum vehementiori oritur.

§. LXXXIII.

EXPERIMENTUM 8.

J'ai mis un peu de mercure dans le globe de verre dont j'ai parlé à l'Article 14. puis ayant pompé l'air du globe, j'ai placé le globe sur la flamme d'une bougie; ensuite j'ai présenté le globe aux rayons du Soleil dans une chambre obscure; la fumée du mercure montoit en petite quantité, & elle redescendoit d'abord avec précipitation: mais du moment que j'ai fait entrer de l'air dans le globe, tout le globe a paru si rempli de la fumée du mercure, que le globe en étoit presque tout opaque. 2. Ayant observé cette fumée avec le Microscope, j'ai vû qu'elle étoit composée de particules sphériques, dont le diamêtre étoit d'environ dix fois moindre que celui d'une Vapeur aqueuse qui voltigeoit parmi la fumée, & que l'on pouvoit en distinguer très-cer-

In sphæram (§. 14.) *descriptam aliquantùm mercurii vivi injeci, eamque ab aëre evacuatam supra flammam candelæ detinui, & radio solari in cameram obscuram immisso, exposui; sic fumus mercurialis in exigua copia ascendebat, & mox iterùm deorsùm præcipitabatur. Simul ac verò aërem rursùs immisi, brevi temporis spatio tota sphæra fumo mercuriali repleta & ferè opaca erat.*

2. *Hunc fumum per microscopium inspiciens, reperi constare ex particulis sphæricis, quarum diameter decies circiter minor erat, quàm Vaporis aquei diameter, qui inter fumum circumvolitabat, & ab illo optimè distingui poterat. Diameter itaquè particulæ fumi mercu-*

rialis erit $\frac{28}{1000000}$ digiti.

nement. Ainsi le diamétre de la fumée du mercure sera d'un vingt-huit-millioniéme de pouce.

§. LXXXIV.

EXPERIMENTUM 9.

Globulum ex pice & gossipio formatum in disco Antliæ Pneumaticæ firmavi, & campanâ altiori superimpositâ aërem diligentissimè evacuavi. Hoc facto, speculi caustici focum in globum direxi; & cùm pix liquesceret, fumus indè excitatus lineam parabolicam describens, ad aliquam quidem altitudinem ascendebat; sed mox iterùm deorsùm præcipitabatur, & in inferiori parte campanæ hærebat.

2. *Idem eventus erat, cùm loco picis sulphur vel sal ammoniacum substituebatur.*

3. *Hic fumus in inferiori parte campanæ hærens, statim per illam dispergebatur, cùm aërem iterùm admitterem.*

J'ai attaché sur la platine de la Machine Pneumatique une boule faite avec du coton & de la poix; puis ayant couvert la platine d'un récipient fort long, j'ai pompé l'air avec beaucoup de soin. Cela fait, j'ai fait tomber sur la boule le foyer d'un miroir ardent. Pendant que les rayons du Soleil réünis fondoient la poix, il en sortoit de la fumée qui montoit quelque tems en décrivant une ligne parabolique. Mais peu aprés elle descendoit en bas & demeuroit adhérente au bas du récipient. 2. Il est arrivé la même chose, lorsqu'au lieu de poix j'ai mis du souphre ou du sel ammoniac. 3. La fumée qui s'étoit attachée au bas du recipient se répandoit d'abord dans tout le recipient dès que j'y faisois entrer de l'air.

§. LXXXV.

La même expérience eſt raportée dans le Livre Italien intitulé *Saggi dei naturali Eſperience* pag. 193. & par M. Muſchembroeck, dans les Expériences de l'Academie *del Cimento* pag. 73.

Idem experimentum refertur in Libro Saggi dei naturali Eſperience *pag.* 193. *& Muſchembroeck. in experimentis Academiæ* del Cimento *pag.* 73.

SCHOLIUM.

§. LXXXVI.

Ayant mis du fer rouge ſous un recipient propre à faire du mouvement dans le vuide, j'ai attaché du plomb à la branche mobile; puis ayant pompé l'air le plus vîte que j'ai pû, j'ai fait tomber le plomb ſur le fer rouge; il eſt ſorti de la fumée du plomb fondu; elle décrivoit en montant & en deſcendant une ligne parabolique comme dans l'expérience précédente. Ayant introduit de l'air dans le recipient, la fumée s'y eſt répandue dans toute ſa capacité.

Ferrum candens ſub campana repoſui, quæ ad motum in vacuo efficiendum apta erat, & ſtilo motorio plumbum affixi, celeriterque aërem, quantùm fieri potuit, eduxi. Quo facto, plumbum in ferrum candens demiſi, ſic fumus à plumbo liquefacto aſſurgens eodem modo ac in priori experimento, expulſus in linea parabolica, iterùm deſcendebat. Aëre autem admiſſo per totam campanam diſperſus penitùs diſparuit.

EXPERIMENT. 10.

§. LXXXVII.

Les particules de la fumée du plomb vûes par le moyen

Ope microſcopii compoſiti melioris notæ dimenſus ſum

SCHOLIUM.

diametrum particularum fumi ex plumbo expulsi & circa inferiorem partem campanæ hærentis, eumque reperi vigesies circiter esse minorem diametro Vaporis aquei. Fumi verò salis ammoniaci, candelæ ardentis, sulphuris, fungi & ligni accensi magnitudinem reperi eße ad diametrum Vaporis aquei ut 1. *ad* 6. *quàm proximè. Erit itaquè diameter particularum fumi de plumbo* $= \frac{14 \ \text{VIII}}{1000000}$ *digiti, fumi sulphurei verò* $\frac{46 \ \text{VIII}}{1000000}$ *digiti.*

d'un excellent Microscope, m'ont paru avoir leur diamétre vingt fois plus petit que celui des Vapeurs de l'eau. Les diamétres des Exhalaisons du sel ammoniac, d'une bougie allumée, du souphre, d'un champignon & du bois brulé, sont environ la sixiéme partie de celui des Vapeurs de l'eau. Ainsi le diamétre de la Vapeur du plomb sera un quatorze-millioniéme de pouce, celui de fumée du souphre sera un quarante-six-millioniéme de pouce.

§. LXXXVIII.

THEOREMA 12. *Exhalationes mercuriales, metallicæ, sulphureæ & salium volatilium aëre sunt specificè graviores, & in illo secundùm leges Hydrostat. ascendere nequeunt.*

Les Exhalaisons du mercure, des métaux, du souphre, des sels volatils sont spécifiquement plus pesantes que l'air, & ne peuvent y monter selon les loix de l'Hydrostatique.

Demonstratio. *Quia gravitas specifica metallorum, sulphuris & salium plus quàm millies major est gravitate specificâ aëris, particulæ illorum ab igne in vesi-*

Démonstration. La pesanteur spécifique des métaux, du souphre & des sels, est mille fois plus grande que la gravité spécifique de l'air. Il faudroit donc que leurs molécules acquisſent une expanſion plus que millécuple avant qu'elles pûſent devenir ſpécifiquement plus légéres que l'air : Il faudroit donc qu'elles euſſent une expanſion plus grande que celle des Vapeurs aqueuſes qui ſeroient ſpécifiquement plus légéres que l'air. Leur diamétre devroit donc être au moins de deux mille millioniémes de pouce : or elles ne vont pas au-delà de quarante ſix millioniémes. Elles ne ſont donc pas aſſez dilatées pour être ſpécifiquement plus légéres que l'air. 2. Les molécules des Exhalaiſons ne peuvent être envelopées d'un aſſez grand nombre de particules de feu, pour faire un tout mille fois plus grand, & pour devenir par là plus léger que l'air : car il ne peut ſe raſſembler autour d'une Exhalaiſon aſſez de particules de feu pour les raiſons raportées dans l'Article 36. Donc les Exhalaiſons ne peuvent en aucune maniére devenir ſpécifiquement plus légéres que l'air, & y monter ſelon les loix de l'Hydroſtatique. c. q. f. d.

culas plus quàm millies majores expandi deberent, antequàm aëre forent ſpecificè leviores : quàpropter magnitudo earum multò major eſſe deberet, quàm magnitudo Vaporum, qui aëre eſſent ſpecificè leviores ; horum verò diameter ad minimùm eße debet $\frac{2000^{\text{VIII}}}{1000000}$ *digiti. Cùm verò magnitudo particularum fumi non excedat* $\frac{46}{1000000}$ *digiti, in tantùm expanſæ non ſunt, ut aëre eſſent ſpecificè leviores. 2. Neque particulæ fumi tot igneis particulis cingi queunt, donec magnitudo earum millies major eſt, & ſic particula etiam ſpecificè levior aëre : Collectio enim particularum ignearum circa particulas fumi iiſdem de cauſis fieri nequit, quas in §°. 36. adduximus. Ergo Exhalationes nullatenùs aëre poſſunt fieri ſpecificè leviores & in illo ſecundùm leges Hydroſtaticas aſcendere. Q. E. D.*

§. LXXXIX.

SCHOLIUM.

Quia Exhalationes odoriferæ constant ex particulis sulphureo-salinis; idem de his valet, quod de aliis demonstratum est (§. 88.)

Les Exhalaisons odoriférantes sont composées de parties sulphureuses: Ainsi on en peut dire tout ce qu'on a démontré dans l'Article précédent.

§. XC.

EXPERIMENT. II.

Fiat massa ex aqua, sulphure & limatura Martis, & brevi tempore limatura Martis ab aqua solvetur; per quam resolutionem tantus simul calor ex attritione particularum inter se excitatur, qui non modò copiosas Exhalationes sulphureas producet, sed eas quoque nonnumquam accendet.

Si on fait une masse composée de soulphre, de limaille de fer & d'eau, dans peu de tems l'eau dissoudra le fer; & le frotement des parties causera une chaleur si grande, qu'elle repandra en abondance des Exhalaisons sulphureuses, & même qu'elle les enflammera quelquefois.

§. XCI.

THEOREMA 13.

Exhalationes metallicæ, sulphureæ & salium volatilium, partim per particulas igneas è corpore fumante expelluntur; & expulsæ aut per ascensum aëris calefacti, aut per modum solutionis in aëre ascendunt & disperguntur; dispersæ verò per co-

Les Exhalaisons métalliques, sulphureuses, salines-volatiles, sont chassées hors des corps qui les contenoient, par des particules de feu; quand elles en sont sorties, elles montent dans l'air, ou parce que l'air échauffé dans lequel elles sont reçûes, monte lui-même, ou bien par voye de dissolution

diſſolution. Diſperſées une fois dans l'air, elles s'y ſoutiennent à cauſe de la cohéſion des parties de l'air ; il y en a auſſi que la ſeule diſſolution fait évaporer.

Démonſtration. Quand un corps décrit dans ſon mouvement une ligne parabolique, il a été pouſſé par une force étrangere : (§. 5.) or les Exhalaiſons métalliques, ſulphureuſes & ſalines décrivent dans leur mouvement une ligne parabolique (§. 84. & 85.) Elles ſont donc pouſſées par une force étrangére : or il n'y en a pas d'autre que celle qui vient du feu. Donc les Exhalaiſons ſont chaſſées hors des corps par l'action des parties du feu. 2. Le diamétre des Exhalaiſons n'excéde pas un quarante-ſix-millioniéme de pouce : leur poids doit donc n'aller pas à un cinq cens millioniéme d'un grain (§. 56.) Elles ne pourront donc pas rompre par leur poids l'adhérence de l'air. (§. 57) 3. L'air étant dilaté par des Exhalaiſons chau-

hæſionem cum aëre ſuſtentantur : Partim quoque per ſolum modum ſolutionis in aërem abeunt.

Demonſtratio. *Si corpus motu ſuo lineam parabolicam deſcribit, indicatur illud vi quâdam propulſum eſſe* (§. 5.) *Jam verò fumus metallicus, ſulphureus & ſalinus motu ſuo deſcribit lineam parabolicam* (84. & 85.) *Et cùm nulla alia vis expellens ibi adſit niſi particulæ ignis : Ergo Exhalationes per motum particularum ignearum de corporibus expelluntur.*

2. *Qui particularum fumi diameter non excedit* $\frac{46}{1000\,000}$ *digiti, earum pondus minor erit* $\frac{1}{500{,}000}$ *grani* (§. 56.) *reſiſtentiam aëris ex pondere ſuperare non valebunt.* (§ 57.)

3. *Aër per Exhalationes calidas expanſus ſit ſpecificè levior aëre circumjecto ; aſcendet itaquè & fumum ſecum*

elevabit, qui ascensus tamdiù durat, donec aër & fumus omnem calorem amiserunt; quo facto cum aëre cohæret & ab illo sustentatur (§. 62. n. 8.) Incipit itaquè modus solutionis (§. 58.) cujus ope Exhalationes per magnum aëris spatium dispergi possunt. Q. E. D.

4. *Aqua cum sulphure mixta ferrum corrodere valet.* (§. 90) *Jam verò in aëre nostro permultæ adsunt particulæ aqueæ & sulphureæ mixtæ. Ergo Aër quoque ferrum corrodere & resolvere valebit. Pars itaquè ferri minutissimè resoluta per modum solutionis in aëre ascendere potest.* (§. 59.)

des devient plus léger que l'air qui l'environne. Il montera donc, & enlevera avec lui les Exhalaisons, & cette élevation durera tout le tems que l'air & les Exhalaisons conserveront leur chaleur. Après quoi elles seront soutenues par la cohésion de l'air (§. 62. n. 6.) Ensuite vient la dissolution, au moyen de laquelle les Exhalaisons peuvent encore se répandre dans l'air. c. q. f. d. 4. L'eau mêlée avec le souphre peut ronger le fer (§. 90.) or dans l'air il se trouve des particules d'eau & de souphre mêlées ensemble. Donc l'air pourra aussi ronger & dissoudre le fer. Des parcelles de fer très-divisées pourront s'élever en l'air par voye de dissolution. (§. 59.)

SCHOLIUM I.

§. XCII.

Terra copiosis gaudet particulis sulphureis: Hac itaquè tempore diurno radiis Solis insigniter calefactâ, cohæsio particularum sulphurearum cum particulis terreis

La terre est remplie d'un très-grand nombre de particules sulphureuses; les rayons du Soleil venant à l'échauffer pendant qu'il est sur l'horison, les particules de feu pénétrant au dedans diminuent l'adhérence que les souphres ont avec les particules terreuses, les parties les plus subtiles & les plus fines se sépareront, & passeront avec le feu dans l'air qui les environne; là elles seront soutenues, & même s'éleveront pour les raisons que nous avons aportées en expliquant l'élevation des Vapeurs. (§. 62.) Les Exhalaisons sont, comme les Vapeurs, spécifiquement plus pesantes que l'air. (§. 88.)

crassioribus per particulas igneas in interstitia earum penetrantes imminuitur; extremæ partes minutissimæ itaquè disjunguntur, & cum particulis igneis in aërem circumjectum transibunt, ibique sustentantur & ascendunt easdem ob causas, quas in elevatione Vaporum aqueorum explicavimus (§. 62.) *Sunt enim pariter ac Vapores aquei aëre specificè graviores.* (§. 88.)

§. XCIII.

SCHOLIUM 2.

Voilà quelle est notre explication de l'élevation des Vapeurs & des Exhalaisons au milieu de l'air. Nous ne l'avons pas présentée comme une Hypothese, mais nous l'avons apuyée sur les Experiences que nous avons faites, & sur des raisons incontestables: Ainsi je puis dire comme le célébre Archimede, *j'ai rencontré, j'ai rencontré.*

Hæc est Theoria nostra de elevatione Vaporum & Exhalationum in aërem, quam non instar hypotheseos recepimus, sed per experimenta instituta & per rationes indubias certissimè stabilivimus: Ideòque cum Archimede dico Symbolum

Eyreka, Eyreka.

Figure, §. LIX. pages 37. 38. & 39.

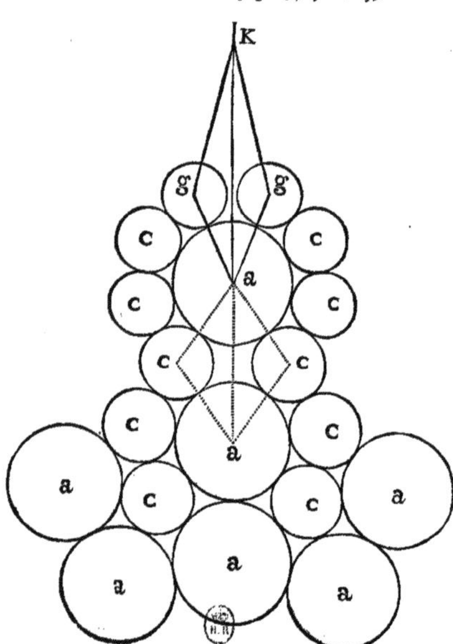

www.ingramcontent.com/pod-product-compliance
Ingram Content Group UK Ltd.
Pitfield, Milton Keynes, MK11 3LW, UK
UKHW020357180726
13839UKWH00003B/1154